21世纪技能创新型人才培养系列教材　大数据系列

# Python
# 数据分析

主　编　崔连和　黄德海
副主编　王丽辉　崔越杭　黄俊达
参　编　于淑秋



中国人民大学出版社
· 北京 ·

图书在版编目（CIP）数据

Python 数据分析 / 崔连和，黄德海主编. -- 北京 : 中国人民大学出版社，2023.1

21 世纪技能创新型人才培养系列教材. 大数据系列

ISBN 978-7-300-31421-1

I. ① P… II. ①崔… ②黄… III. ①软件工具 − 程序设计 − 高等学校 − 教材 IV. ① TP311.561

中国国家版本馆 CIP 数据核字（2023）第 021862 号

21 世纪技能创新型人才培养系列教材 · 大数据系列

**Python 数据分析**

主　编　崔连和　黄德海

副主编　王丽辉　崔越杭　黄俊达

参　编　于淑秋

Python Shuju Fenxi

---

出版发行　中国人民大学出版社

社　　址　北京中关村大街 31 号　　邮政编码　100080

电　　话　010 − 62511242（总编室）　010 − 62511770（质管部）

　　　　　010 − 82501766（邮购部）　010 − 62514148（门市部）

　　　　　010 − 62515195（发行公司）　010 − 62515275（盗版举报）

网　　址　http://www.crup.com.cn

经　　销　新华书店

印　　刷　北京溢漾印刷有限公司

规　　格　185 mm × 260 mm　16 开本　　版　次　2023 年 1 月第 1 版

印　　张　12.5　　印　次　2023 年 1 月第 1 次印刷

字　　数　302 000　　定　价　39.00 元

---

P R E F A C E

# 前言

大数据时代已经来临，海量数据蕴含着巨大的财富。数据分析是指对大量数据进行分析，并加以汇总、理解、消化，旨在最大限度地开发数据的功能，发挥数据的作用。数据分析是一项前沿技术，也是计算机专业学生必须学习的课程。

本书根据当前高校教学的实际需要，顺应教学改革新形势下“学做合一”和“理实一体”的潮流，结合企业实际，以案例引领的形式编写。通过对本书的学习，学生可以迅速掌握数据分析的关键知识，并有效应用于实际岗位工作。本书内容通俗易懂，注重以应用为中心、以案例为载体，先基础后专业、先实践后理论，具体特点体现在以下几个方面：

（1）案例引领。全书包含大量案例，涵盖了数据分析的大部分知识点及实际岗位需求，实现了理论知识和企业需求的双边驱动。

（2）图文并茂。全书通过大量图片来辅助文字说明，每幅图片均与讲解内容密切配合，即清晰易懂，又简洁明了，读者按照书中所讲即可独立完成操作。

（3）通俗简洁。本书在语言上力求通俗化，便于学生理解，力求做到“内容一看即懂，实例一练就会”。

（4）配套资源多样化。本书充分考虑到学生复习、教师备课的需要，本着方便师生的原则，在配套资源上进行了综合设计，包括教学课件、教学大纲、数据源文件、参考答案、教案等材料，还特别为每个实例配套了微课。

本书适合作为高等院校、职业院校相关专业教材，也可作为职业技术培训教材，还可供编程爱好者学习和参考。

本书由齐齐哈尔大学的崔连和、黄德海主编，王丽辉、崔越杭、黄俊达担任副主编，其中，单元 2、3、4 由崔连和编写，单元 5、6、7 由黄德海编写，单元 1、8 由王丽辉编写，崔越杭、黄俊达负责统稿。参加编写的还有克东实验小学的于淑秋。

由于时间仓促加之编者水平有限，书中难免存在疏漏之处，恳望广大读者批评指正。

**编者**

CONTENTS

# 目录

# 单元 1 数据分析概述

## 单元导读

进入21世纪，随着网络信息技术与云计算技术的高速发展，网络数据呈爆发性增长，我们每天都身处庞大的数据世界。毋庸置疑，大数据时代已经来临，谁能够从海量的数据中率先发现并挖掘出有价值的信息，谁就将掌握先机。数据分析技术应运而生。

通俗地讲，数据分析是指运用数学知识，通过计算机等工具进行数据处理，并在处理的过程中发现具有一定规律性的信息，从而做出有针对性的决策。由此可以看出数据分析在大数据技术应用中扮演着至关重要的角色。

## 学习重点

1. 数据分析的含义及类别。
2. 数据分析的流程。
3. Python 数据分析的优势。
4. 下载和安装 Anaconda。

1　数据分析概述

## 素养提升

通过学习数据分析，感受数据分析在大数据技术应用中的作用及价值，深刻理解科学技术就是第一生产力，激发自己投身社会主义建设的决心。

## 1.1 数据分析的时代背景

21世纪以来，计算机技术全面融入社会生活，世界上到处充斥着数据信息，并且信息的数量正在高速增长，人们快速步入大数据时代。就我们的日常生活而言，发微信、发布微博、网络购物、在线支付、手机银行操作等，都在产生数据。海量信息已经积累到引发科技变革的阶段。

大数据时代来临之前，数据库中没有充足的数据，人们想对某个领域进行深入分析确苦于没有全面的数据作基础；现在，人们想得到精准的数据依然很难，原因在于数据库中的数据量过于庞大，缺少可以高效地从数据库中获取有价值的数据的方法。数据仓库专家阿尔夫・金博尔说过："我们花了多年的时间将数据放入数据库，如今到了该将它们拿出来的时候了。"

数据分析可以从海量的数据中获取有价值的信息，帮助企业或个人预测未来的趋势和行为，使得商务和生产活动具有前瞻性。简而言之，各个领域均需要通过高效的数据分析来适应大数据时代的发展。

## 1.2 什么是数据分析

数据分析就是数据（Data）加分析（Analysis）。数据可以是数字、文字、图像、声音等。数据可以用于科学研究、理论验证等诸多领域。"分析"就是将研究对象的整体分为多个部分、方面、因素和层次，并分别加以考察的认识活动。分析的目的在于谨慎地寻找能够解决问题的主线，并以此为依据解决问题。因此，数据分析就是用适当的统计分析方法对收集到的大量数据进行分析，从中提取有用的信息，形成结论，并加以详细研究和概括总结的过程。

在实际应用中，数据分析可以帮助人们做出判断，以便采取适当的行动。数据分析的数学基础在 20 世纪早期就已确立，但直到计算机的出现才使得实际操作成为可能，并使数据分析得以推广。数据分析是数学与计算机科学相结合的产物，用一句话概括：数据分析是利用数据来理性思考和决策的过程。

单独的数据毫无意义，只有将数据放到现实应用中才能产生价值。那么，数据分析具体可以做什么呢？下面以电商网站为例进行说明。

（1）要知道自己在哪里，获取一张地图才是有意义的。对企业而言，首先要了解过去发生了什么。以电商网站为例，企业需要了解新用户注册、用户复购、仓库备货、配送、营收等运营指标，然后根据这些指标来评价公司的运营情况，判断企业当前业务的好坏。监控运营指标的同时，还需要了解企业各项业务的构成、业务的发展和变动情况等。此时的数据分析一般会以日报、周报、月报、年报的形式呈现。特殊时期，企业还需要实时了解业务状况，如购物网站在举办"双十一"活动时，需要实时显示销售额、订单、快递等信息。

（2）通过对现有状况的分析，可以基本了解企业当前的运营情况。但是，对于特殊问题应如何处理？例如，为什么近期客户流失严重，营收却增加了？为什么近期配送总是延迟？为什么近期客户满意度在下降？这就是数据分析要解决的第二个问题：寻找问题的根本原因。

（3）我们通过分析企业运营现状可以预测企业未来的发展趋势，为企业制定运营目标及策略提供有效的参考与决策依据，以保证企业的可持续健康发展。此外，我们还可以实时预测客户的行为，针对客户进行精准营销，预测客户将商品加入购物车后的行为。类似的预测还有很多，不一一列举。

### 1.2.1 数据分析的类别

典型的数据分析可以划分为以下 3 类：

- 描述性数据分析：已经发生了什么。
- 预测性数据分析：将要发生什么。
- 指导性数据分析：应该怎么办。

#### 1. 描述性数据分析

描述性数据分析是指从一组数据中提取描述这组数据的集中和离散的情形，应用的技术主要有基于数据仓库的报表、多维联机分析处理等。通过查询此类数据可以了解某些领域发生了什么。

#### 2. 预测性数据分析

预测性数据分析主要是基于大数据，采用多种统计方法以及数据挖掘技术预测某些领域将要发生什么。很多热门的大数据方面的统计应用，如数据挖掘等，都可归类为预测性数据分析。

#### 3. 指导性数据分析

指导性数据分析告诉用户怎么做可以得到最优的结果，也叫决策分析。它主要指采用运筹学的方法，即运用数学模型或智能优化算法对企业应该采取的最优行动给出建议。

### 1.2.2 典型的数据分析方法

在统计学领域中，数据分析方法可以划分为以下 3 类：

- 描述性统计分析：应用统计特征、统计表、统计图等方式，对数据的数量特征及其分布规律进行测定和描述。
- 验证性统计分析：侧重于对已有的假设或模型进行验证。
- 探索性数据分析：主动在数据中发现新的特征或有用的隐藏信息。

#### 1. 描述性统计分析

描述性统计分析是用来概括、表述事物整体状况以及事物间关联、类属关系的统计方法。经过统计处理，可以用几个统计值简单地表示一组数据的集中趋势、离散程度以及分布形状。

#### 2. 验证性统计分析

验证性统计分析是对数据模型和研究假设的验证，参数估计、假设检验以及方差分析是验证性统计分析中常用的方法。所谓参数估计，就是用样本统计量去推断总体参数。假设检验与参数估计类似，但角度不同，假设检验是先对总体参数提出一个假设值，然后利用样本信息判断这一假设是否成立。

3. 探索性数据分析

探索性数据分析是指对已有数据在尽量少的先验假设下通过作图、制表、方程拟合、计算特征量等方式，探索数据的结构和规律的一种数据分析方法。探索性数据分析是一种更加贴合实际情况的分析方法，它强调让数据本身“说话”，进而探索、分析出数据的结构和规律。

## 1.3 数据分析的基本流程

一个完整的数据分析流程大致分为 5 步，如图 1－1 所示。

问题定义→数据收集→数据处理→数据分析→数据展现

图 1－1　数据分析流程

### 1.3.1　问题定义

在进行数据分析之前，我们必须明确几个问题：数据分析必须从正确的问题开始，且该问题必须清晰、简洁，同时要可度量。例如，企业通常会有用户数据、运营数据、销售数据等，我们应明确的是需要利用这些数据来解决什么问题，得出什么结论。是减少新客户的流失，是优化活动效果，还是提高客户响应率，等等。不同的项目对数据的要求是不一样的，使用的分析手段也是不一样的。

问题的定义要求分析人员对业务有很深的了解，这就是人们经常提到的数据思维。例如，某企业要提高销售额，是通过增加用户数量来提高销售额，还是通过抬高价格来提高销售额，又或者是企业不应该只关注销售额，更应该关注利润。这就需要分析人员了解企业的盈利模式是什么。值得一提的是最初提出的问题只是出发点而非终点，很可能在对问题进行了一系列研究后，会对最初提出的问题进行修改。

### 1.3.2　数据收集

数据收集是按照确定的数据分析思路和框架内容，有目的地收集、整合相关数据的过程，它是数据分析的基础。确定了具体的问题之后，自然要开始收集相关的数据。数据收集之前，需要思考以下几点：问题对应的数据是什么？这些数据如何定义和度量？哪些数据是已经存在的？哪些数据需要通过对现有数据进行加工得来？哪些数据还没有获得？

典型的数据获取方式有以下几种：

（1）企业数据库 / 数据仓库。大多数企业的数据都可以直接从自己的数据库获取。例如，可以根据需要提取某年的销售数据、提取当年销量前 20 位商品的数据、提取北京及浙江地区用户的消费数据等。通过结构化查询语言 SQL，我们可以高效地完成这些工作。

（2）外部公开数据集。通常，科研机构、企业、政府都会开放一些数据。目前，开放数据的领域包括教育科技、民生服务、道路交通、健康卫生、资源环境、文化休闲、机构团体、公共安全、经济发展、农业农村、社会保障、劳动就业、企业服务、城市建设、地图服务等。

（3）爬虫。在大数据时代，利用爬虫来收集互联网上的数据是常用的数据获取方式。例如，爬取电商网站的商品信息，爬取视频网站某一类视频的信息，爬取房地产网站上某城市的房屋租售信息。

（4）实验。例如，想知道新的应用界面是否会提高用户转化率，可以通过 A/B 测试的方式来实现。分析人员可以针对不同的问题设计不同的实验来获取相应的数据。

有时并不能获得所有的数据，但这并不会影响接下来的工作，因为我们的最终目的是从有限的可获取的数据中提取更多有用的信息。

### 1.3.3 数据处理

大多数数据都需要进行一定的处理才能用于后续的分析。数据处理是指对收集到的数据进行数据清洗、数据转化、数据抽取、数据合并、数据计算等，以便开展数据分析，是数据分析前必不可少的阶段。这个过程是整个数据分析过程中最耗时的，但也在一定程度上保证了数据分析的质量。数据处理的根本目的是从海量的、可能杂乱无章的、难以理解的数据中抽取并推导出对解决问题有价值、有意义的数据。值得注意的是，如果数据本身存在错误，那么即使采用最先进的数据分析方法，得到的结果也是错误的，不具备任何参考价值，甚至还会导致管理者做出错误的决策。

现实中的数据大部分是不完整、不一致的，无法直接用于数据分析，或分析结果不尽如人意，需要对其进行预处理。数据预处理有多种方法，包括数据清理、数据集成、数据变换、数据归约等。

### 1.3.4 数据分析

数据分析是指通过分析手段、方法和技巧对准备好的数据进行探索、分析，从中发现因果关系和内部联系，为决策提供参考。数据分析阶段应切忌滥用和误用统计分析方法。滥用和误用统计分析方法主要是由于对方法能解决哪类问题、方法适用的前提、方法对数据的要求等不清造成的。采用多种统计分析方法对数据进行探索性的反复分析是非常重要的。每种统计分析方法都有自己的特点和局限，因此，一般需要选择几种方法反复印证分析结果，仅依据一种分析方法的结果就断然下结论是不科学的。

通过数据分析，数据内部的关系和规律会显现出来，通常采用表格和图形来呈现，即用图表说话。常用的数据图表包括饼图、柱状图、条形图、折线图、散点图、雷达图等，还可以对这些图表进一步处理，使之变为金字塔图、矩阵图、瀑布图、漏斗图、帕累托图等。通常，人们更乐于接受图表这种展现数据的方式，因为可以更加直观地帮助数据分析师表述信息、观点和建议。

### 1.3.5 数据展现

数据分析的结果最终应以报告的形式展现，这对数据分析师的能力有很高的要求。数据分析师要具备数据沟通能力、业务推动能力和项目工作能力。深入浅出的数据报告、言简意赅的数据结论更容易被理解和接受。

数据展现通常从业务最重要、最紧急、最能产生效果的环节开始，同时需要考虑业务落地的客观环境，即好的数据结论也需要具备适当的落地条件。

总之，数据项目工作是循序渐进的过程，无论是数据分析项目还是数据产品项目，都需要数据分析师具备高水平的综合能力。

## 1.4 为什么选择 Python

很多编程语言都可以进行数据分析，那么，是什么让 Python 得到了程序员和数据科学家的青睐，并逐渐衍生为主流语言呢？选择 Python 进行数据分析，主要是基于 Python 的以下几点优势：

### 1.4.1 代码简洁，容易理解

相比其他编程语言，Python 的语法非常简单，代码的可读性很高，非常有利于初学者学习。例如，在处理数据时，如果希望将用户性别数据数值化，也就是变成计算机可以运算的数字形式，Python 用一行列表推导式便可实现，十分便捷。

### 1.4.2 可实现快速开发

Python 在数据分析、探索性计算、数据可视化等方面都有成熟的库和活跃的社区，这些对 Python 成为数据处理的重要解决方案提供了重要支撑。在科学计算方面，Python 拥有 Numpy、Pandas、Matplotlib、Scikit-leam、IPython 等一系列非常优秀的库和工具，这些库提供了大量的基础实现，数据分析人员在编码过程中可以方便地使用这些库，不必编写大量代码。

### 1.4.3 拥有强大的通用编程能力

Python 具有强大的通用编程能力。有别于 R 语言，Python 不仅在数据分析方面功能强大，在爬虫、Web、自动化运维，甚至游戏等领域也有不俗的表现，用户只需要应用这一种技术就可以完成全部服务，既有利于业务融合，也可以提高工作效率。

### 1.4.4 人工智能时代的通用语言

Python 是人工智能首选的编程语言，这主要得益于其语法简洁、具有丰富的库和社区，使得大部分深度学习框架均优先支持 Python 语言编程。

### 1.4.5 方便对接其他语言

Python 被称作“胶水语言”，顾名思义，其具有“黏合”作用，Python 在设计初期就面向科研人员，以降低编程难度、提高编程效率为目的。Python 之所以在科学计算领域应用广泛，是因为它能够轻松集成 C、C++ 以及 Fortran 程序。大部分现代计算环境均利用 Fortran 和 C 库来实现线性代数、积分、傅立叶变换等算法。

## 1.5 下载与安装 Anaconda

Python 的开发环境中包含诸多功能齐全的库，为数据分析工作提供了极大的便利，但是库的管理以及版本兼容处理使数据分析人员不得不将大量时间花费在解决包配置与包冲突等问题上。为了解决上述问题，人们选择使用 Anaconda 进行开发，Anaconda 是一个集成了大量常用扩展包的环境，能够有效避免包配置或兼容等问题。

Anaconda 是一个可以便捷获取和管理包，同时可对环境进行统一管理的公开发行版本，包含 conda、Python 在内的超过 180 个科学包及其依赖项。

下面分别介绍在 Windows、Linux 和 Mac 系统下安装 Anaconda 的方法。可通过官网（https://www.anaconda.com/download/）下载对应系统的 Anaconda。

### 1.5.1 基于 Windows 系统安装

步骤 1：下载 Windows 版本的 Anaconda 后，双击软件图标进入安装向导，单击“Next”按钮，如图 1-2 所示。

图 1-2　安装引导页

步骤 2：进入“License Agreement”窗口，单击“I Agree”按钮。

步骤 3：推荐选择“Just Me（recommended)”，如果选择“All Users”，则需要 Windows 管理员权限。

步骤 4：选择目标路径用于 Anodonda 的安装，单击“Next”按钮，如图 1－3 所示。

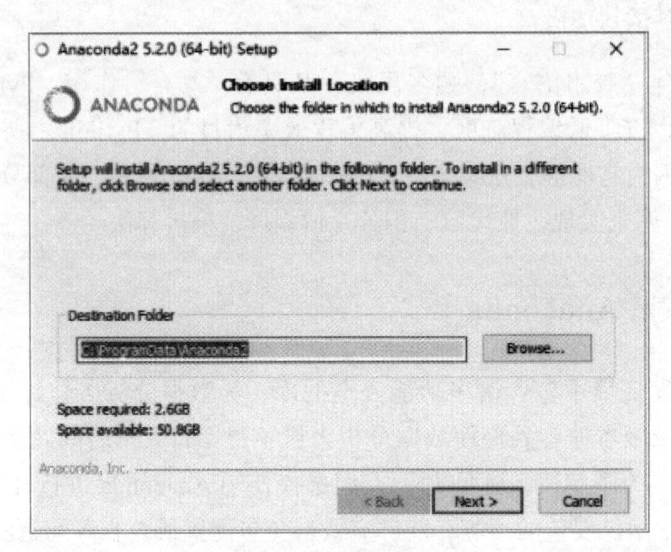


图 1－3　选择安装路径

步骤 5：建议不添加 Anaconda 到环境变量中，因为它可能会影响其他软件的正常运行，故选择将 Python3.x 作为 Anaconda 的默认版本。单击“Install”按钮，进入安装环节，如图 1－4 所示。

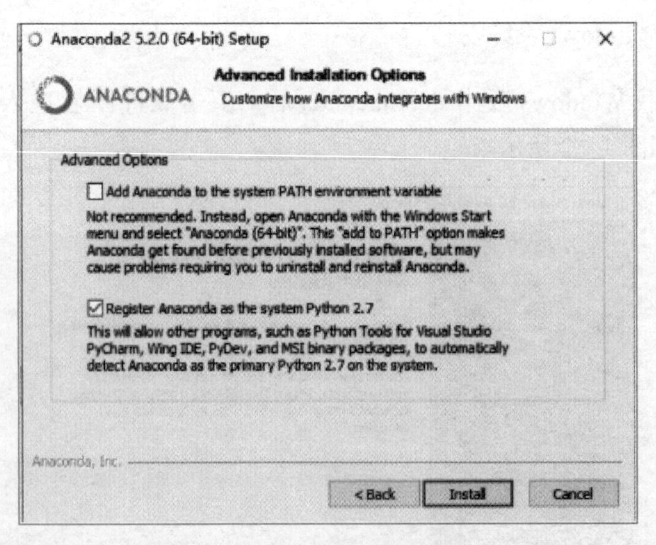


图 1－4　设置环境变量

步骤 6：等待几分钟后安装完成，单击“Finish”按钮。

### 1.5.2 基于 Mac 系统安装

步骤 1：下载 Mac 版本的 Anaconda 后，双击软件图标进入安装向导，单击“Continue”按钮。

步骤 2：进入“Read Me”窗口，单击“Continue”按钮。

步骤 3：进入“License”窗口，勾选“I Agree”，单击“Continue”按钮。

步骤 4：进入“Destination Select”窗口，推荐选择“Install for me only”，单击“Continue”按钮。

步骤 5：进入“Installation Type”窗口，推荐采用默认设置，无须改动安装路径（将 Anaconda 安装在主目录下），单击“Install”按钮，进入安装环节。

步骤 6：等待几分钟后安装完成。

如果你不习惯在 Mac 系统中使用图形化的安装方式，也可以通过命令行的方式完成 Anaconda 的安装（以 Anaconda3-5.0.1 版本为例），具体步骤如下：

步骤 1：下载 Mac 版本的 Anaconda 后，将其放在桌面。

步骤 2：打开终端，输入“bash Anaconda3-5.0.1-MacOSX-x86_64.sh”。

步骤 3：提示阅读“条款协议”，按回车键。

步骤 4：滑动滚动条到协议底部，输入“Yes”。

步骤 5：根据提示“按下回车键”接受默认路径的安装，然后输入“Yes”进入安装环节。

步骤 6：等待几分钟后安装完成，系统提示“Thank you for installing Anaconda！”。

注意，关闭终端并重启后安装才有效。

### 1.5.3 基于 Linux 系统安装

步骤 1：下载 Linux 版本的 Anaconda 后，将其放在桌面。

步骤 2：打开终端，输入“bash Anaconda3-5.0.1-Linux-x86_64.sh”。

步骤 3：提示阅读“条款协议”，按回车键。

步骤 4：滑动滚动条到协议底部，输入“Yes”。

步骤 5：根据提示“按下回车键”接受默认路径的安装，然后输入“Yes”进入安装环节。

步骤 6：等待几分钟后安装完成，系统提示“Thank you for installing Anaconda3！”。

注意，关闭终端并重启后安装才有效。

## 1.6 安装 IPython

本教材的所有案例均通过 IPython 实现，安装 IPython 之前需安装 Python。如果系统已安装 Python，可以在 DOS 提示符下输入 python 查看其版本，然后在网上找到与版本对应的工具包，使用 pip 命令安装。本教材使用的 Python 版本为 Python-3.9.4-amd64，对应的工具包是 pandas-1.2.3-cp39-cp39-win_amd64.whl（教材配套资源中已提供）。安装时，如果系统提示 pip 版本过低，可以进行升级。

安装步骤如下：

（1）查看 pip 命令帮助。

```
C:\Users\Administrator>pip
```

（2）根据提示输入如下命令，查看升级方法。

```
C:\Users\Administrator>pip list
```

（3）升级对应的 pip。

```
C:\Users\Administrator>python.exe -m pip install --upgrade pip
```

（4）将 pandas-1.2.3-cp39-cp39-win_amd64.whl 拷贝到当前目录，运行如下命令安装 Pandas 工具。

```
C:\Users\Administrator>pip install pandas-1.2.3-cp39-cp39-win_amd64.whl
```

（5）安装绘图工具 Matplotlib。

```
C:\Program Files\Python39>python -m pip install matplotlib
```

（6）安装 IPython。

```
C:\Program Files\Python39>pip install ipython
```

（7）输入 IPython 并启动。

```
C:\Program Files\Python39>pip install ipython
```

## 单元小结

本单元首先介绍了数据分析的背景、用途、流程以及为什么选择 Python 进行数据分析；接着引领读者了解了一个新的 Python 环境——Anaconda，以及如何安装和管理 Python 包。希望读者通过本章的学习，能够对数据分析有一个初步的了解，为后续单元的学习准备好开发环境。

## 技能检测

### 一、填空题

1. 信息是指有一定含义的、经过加工处理的、对决策有价值的（　　）。

2.（　　）的目的是将隐藏在一大批看似杂乱无章的数据信息中的有用数据集提炼出来。

3.（　　）中包含 conda、Python 在内的超过 180 个科学包及其依赖项。

4. Jupyter Notebook 是一个支持（　　）代码、数学方程、可视化和 Markdown 的 Web 应用程序。

## 二、选择题

1. 下列选项中，用于搭建数据仓库和保证数据质量的是（　　）。
   A. 数据收集　　B. 数据处理　　C. 数据分析　　D. 数据展现
2. 关于 Anaconda 的说法中，错误的是（　　）。
   A. Anaconda 是一个可以对包和环境进行统一管理的公开发行版本
   B. Anaconda 包含 conda、Python 在内的超过 180 个科学包及其依赖项
   C. Anaconda 是完全开源的、付费的
   D. Anaconda 避免了单独安装包时需要配置或兼容等问题
3. 关于 Anaconda 的组件中，可以编辑文档且呈现数据分析过程的是（　　）。
   A. Anaconda Navigator　　B. Anaconda Prompt
   C. Spyder　　D. Jupyter Notebook
4. 以下数据分析库中，用于绘制数组的 2D 图形是（　　）。
   A. NumPy　　B. Pandas　　C. Matplotlib　　D. NLTK

## 三、简答题

1. 什么是数据分析？
2. 请简述数据分析的基本流程。
3. 为什么选择 Python 进行数据分析？

# 单元 2

# NumPy 基础

## 单元导读

NumPy 是 Numerical Python 的简写，它是高性能科学计算和数据分析的基础包，不但能够完成科学计算，还能作为高效的多维数据容器，用于存储和处理大型数据。

本单元主要介绍关于大数据分析应用的计算基础，即 NumPy 的主要应用。理解 NumPy 数组及数组计算有助于更好地使用 Pandas 等处理工具。

## 学习重点

1. NumPy 数组对象。
2. 多维数组处理。
3. 数组元素。
4. 数组类型。
5. 切片和索引。
6. 阵列视图。
7. 改变阵列。
8. 广播技术。
9. 改变阵列形状。

## 素养提升

在解决问题和困难的过程中，养成认真负责的工作态度和求真务实的科学精神。

## 2.1 NumPy 数组对象 ndarray

2.1 NumPy
数组对象
ndarray

NumPy 最重要的特点之一就是其 N 维数组对象，即 ndarray（简称 array），这是一个快速而灵活的大数据容器。可以利用这种数组对整块数据进行数学运算。ndarray 是一个通用的同构数据多维容器，其中的所有元素必须是相同的类型。每个数组都有一个 shape 和一个 dtype，分别表示各维度的大小元组和数组数据类型的对象。

### 2.1.1 创建数组对象

NumPy 提供了一个名为 ndarray 的多维数组对象，NumPy 数组具有固定大小的类型化数组。数组由两部分组成，分别是存储在连续内存中的实际数据和描述实际数据的元数据。为了更好地理解数组，首先要了解数组中的函数的功能，具体见表 2-1。

表 2-1 函数的功能

| 序号 | 函数 | 功能 |
|---|---|---|
| 1 | ndim | 返回数组的维数，类型为 int |
| 2 | dtype | 返回数组的元素类型，类型为 data-type |
| 3 | shape | 返回各维度大小的一个元组，类型为 tuple |
| 4 | size | 返回数组元素的总个数，类型为 int |
| 5 | itemsize | 返回数组每个元素的大小，类型为 int |

NumPy 提供的 array 函数可以创建一维或多维数组，基本语法如下：

```
numpy.array(object,dtype=None,copy=True,order='K',subok=False,ndmin=0)
```

具体参数及其说明见表 2-2。

表 2-2 array 函数的具体参数及其说明

| 序号 | 参数 | 功能 |
|---|---|---|
| 1 | object | 一个 python 对象，表示想要创建的数组 |
| 2 | dtype | 表示数组所需的数据类型 |
| 3 | ndmin | 指定生成数组该具有的最小维数 |

#### 1. 创建一维数组

创建数组的最简单的方法是使用 array 函数，它接受一切序列型的对象，然后产生一个含有数据的 NumPy 数组。

执行“开始”→“ Windows 系统”→“命令提示符”命令，在 DOS 提示符输入 IPython，回车，打开“IPython Shell”对话框，输入代码，如案例 2-1 所示。

案例 2－1：创建一维数组。

```
In [1]: import numpy as np                     # 导入 Numpy 库
In [2]: data1=[1, 2, 3, 4]                     # 第一个含有 4 个元素的列表
In [3]: arr1=np.array(data1)                   # 将列表转换为数组
In [4]: arr1
Out[4]: array([1, 2, 3, 4])
In [5]: arr1.ndim                              # 显示数组的维度
Out[5]: 1
In [6]: arr1.shape                             # 显示数组的形状
Out[6]: (4,)
```

上述代码中，In[1]：import numpy as np 用于导入 NumPy 库，在 In[2] 定义了一个列表，含有 4 个元素，In[3] 使用 array() 函数将列表转换为一维数组。array() 创建数组时需要接收一个对象，同时这个对象必须是数组类型的，如本案例给出的 Python 列表。Out[4] 用于显示 In[4] 的输出结果。In[5] 语句中的 arr1.ndim 表示数组的维度，结果为 1，In[6] 语句表示数组的大小。因此，该数组有 4 个元素，它们的值分别是 1,2,3,4。数组是一元数组。

还可以使用 Python 内置函数 range 的数组版 arange 生成一维数组。如案例 2－2 所示，通常通过指定开始值、终值和步长来创建一维数组，创建的数组不含终值。In[9] 中的 print 为屏幕输出语句。In[10] 中的 linspace 也是通过指定开始值、终值和步长来创建一维数组，但创建的数组包含终值。In[11] 中的 logspace 创建的是一个等比数列，分别生成 $10^0$，$10^1$，$10^2$ ～ $10^9$。

案例 2－2：使用 arrange 函数创建一维数组。

```
In [7]: np.arange(15)
Out[7]: array([ 0, 1, 2, 3, 4, 5, 6, 7, 8, 9, 10, 11, 12, 13, 14])
In [8]: np.arange(0, 1, 0.1)
Out[8]: array([0., 0.1, 0.2, 0.3, 0.4, 0.5, 0.6, 0.7, 0.8, 0.9])
In [9]: print(np.arange(0, 1, 0.1))
[0. 0.1 0.2 0.3 0.4 0.5 0.6 0.7 0.8 0.9]
In[10]: print(np.linspace(0, 9, 10))
[0. 1. 2. 3. 4. 5. 6. 7. 8. 9.]
In[11]: print(np.logspace(0, 9, 10))
[1.e+00 1.e+01 1.e+02 1.e+03 1.e+04 1.e+05 1.e+06 1.e+07 1.e+08 1.e+09]
```

**2. 创建二维数组**

嵌套序列可以转换为一个多维数组，如案例 2－3 所示。

案例 2－3：使用嵌套序列创建二维数组。

```
In [12]: data2=[[1, 3, 5, 7],[2, 4, 6, 8]]
```

```
In [13]: arr2=np.array(data2)
In [14]: arr2
Out[14]:
array([[1, 3, 5, 7],
       [2, 4, 6, 8]])
In [15]: arr2.ndim
Out[15]: 2
In [16]: arr2.shape
Out[16]: (2, 4)
```

上述代码首先定义了一个等长的列表组成的列表，之后转换为一个二维数组，数组的维度是 2，数组的尺寸为 2*4。

上述代码中的 In[12] 二维数组的生成也可以不先定义列表，如案例 2 - 4 所示。

案例 2 - 4：直接对参数赋值创建数组。

```
In [17]: np.array([[1, 2, 3, 4],[5, 6, 7, 8]])
Out[17]:
array([[1, 2, 3, 4],
       [5, 6, 7, 8]])
```

再看案例 2 - 5 所示的代码，可以查看数组的属性。

案例 2 - 5：查看数组的属性。

```
In [18]: arr1.dtype
Out[18]: dtype('int32')
In [19]: arr2.dtype
Out[19]: dtype('int32')
In [20]: arr1.size
Out[20]: 4
In [21]: arr2.size
Out[21]: 8
```

一般情况下，np.array() 会为数组推断出一个合适的数据类型，该数据类型保存在 dtype 对象中，而数组元素的个数保存在 size 中。上述代码表示两个数组均是 int32，arr1 元素的个数是 4，arr2 元素的个数是 8。

此外，还有一些函数也可以创建数组，如 ones、zeros、ones like、empty、eye、identity 等，如案例 2 - 6 所示。

案例 2 - 6：采用其他函数创建数组。

```
In [22]: np.ones(10)
Out[22]: array([1., 1., 1., 1., 1., 1., 1., 1., 1., 1.])
```

```
In [24]: np.zeros((3,4))
Out[24]:
array([[0., 0., 0., 0.],
       [0., 0., 0., 0.],
       [0., 0., 0., 0.]])
In [25]: np.empty((2,3,3))
Out[25]:
array([[[6.23042070e-307, 4.67296746e-307, 1.69121096e-306],
        [1.29061074e-306, 1.69119873e-306, 1.78019082e-306],
        [8.34441742e-308, 1.78022342e-306, 6.23058028e-307]],

       [[9.79107872e-307, 6.89807188e-307, 7.56594375e-307],
        [6.23060065e-307, 1.78021527e-306, 8.34454050e-308],
        [1.11261027e-306, 2.04712907e-306, 1.33504432e-306]]])
In [26]: np.eye(5,5)
Out[26]:
array([[1., 0., 0., 0., 0.],
       [0., 1., 0., 0., 0.],
       [0., 0., 1., 0., 0.],
       [0., 0., 0., 1., 0.],
       [0., 0., 0., 0., 1.]])
```

ones 用于生成全 1 数组，而 zeros 用于生成全 0 数组。这里的 np.empty 返回的是一些未初始化的垃圾值，没有具体意义。eye 用于生成单位矩阵。

NumPy 中的数组创建函数见表 2－3。

表 2－3　数组创建函数

| 序号 | 函数 | 功能 |
| --- | --- | --- |
| 1 | array | 将输入的数据（列表、元组、数组或其他序列）转换为 ndarray |
| 2 | asarray | 将输入转换为 ndarray |
| 3 | arange | 类似于内置的 range, 返回一个 ndarray |
| 4 | ones | 创建一个全 1 的数组 |
| 5 | ones_like | 以另外一个数组为参数，根据其形状创建一个全 1 的数组 |
| 6 | zeros | 创建一个全 0 的数组 |
| 7 | zeros_like | 以另外一个数组为参数，根据其形状创建一个全 0 的数组 |
| 8 | empty | 创建一个新数组，只分配内存，不填充值 |
| 9 | empty_like | 同上 |
| 10 | eye | 创建一个单位矩阵 |
| 11 | identity | 同上 |

### 2.1.2 属性与数据类型

#### 1. 数组的属性修改

对数组 arr2 由 2 行 4 列修改为 4 行 2 列，可以对其属性赋值为 2 行 4 列，而保持数组个数不变，如案例 2-7 所示。值得注意的是，属性修改之后并非是矩阵的转置，而是重新组合，元素排列顺序没有变化。

案例 2-7：数组属性的设置。

```
In [27]: arr2
Out[27]:
array([[1, 3, 5, 7],
       [2, 4, 6, 8]])
In [28]: arr2.shape
Out[28]: (2, 4)
In [29]: arr2.shape=4.2
In [30]: arr2
Out[30]:
array([[1, 3],
       [5, 7],
       [2, 4],
       [6, 8]])
```

#### 2. 数据类型

NumPy 扩大了 Python 的数据类型，除了 bool 每个类型都以数字结尾，这表示该类型所占的二进制数的位数。NumPy 的基本数据类型见表 2-4。

表 2-4 基本数据类型

| 序号 | 函数 | 功能 |
| --- | --- | --- |
| 1 | bool | 布尔类型，1 位二进制存储 |
| 2 | int8 | 8 位二进制整数 |
| 3 | int16 | 16 位二进制整数 |
| 4 | int32 | 32 位二进制整数 |
| 5 | int64 | 64 位二进制整数 |
| 6 | uint8 | 8 位二进制无符号整数 |
| 7 | uint16 | 16 位二进制无符号整数 |
| 8 | uint32 | 32 位二进制无符号整数 |
| 9 | uint64 | 64 位二进制无符号整数 |
| 10 | float32 | 32 位半精度浮点数，1 位符号位，5 位指数，10 位尾数 |

续表

| 序号 | 函数 | 功能 |
|---|---|---|
| 11 | float64 或 float | 64 位半精度浮点数，1 位符号位，8 位指数，23 位尾数 |
| 12 | complex64 | 64 位复数，实部和虚部各占 32 位的浮点数 |
| 13 | complex128 或 complex | 128 位复数，实部和虚部各占 64 位的浮点数 |

### 3. 类型的转换

NumPy 数组的每一种数据类型均有其对应的转换函数，如案例 2－8 所示。

案例 2－8：数组的数据类型转换。

```
In [1]: import numpy as np                  # 导入 numpy 库
In [2]: np.float64(100)                     # 整型转换为浮点型
Out[2]: 100.0
In [3]: np.int8(100.0)                      # 浮点型转换为整型
Out[3]: 100
In [4]: np.bool(100)                        # 整型转换为布尔型
Out[4]: True
In [5]: np.bool(0)                          # 整型转换为布尔型
Out[5]: False
In [6]: np.float(True)                      # 布尔型转换为浮点型
Out[6]: 1.0
In [7]: np.float(False)                     # 布尔型转换为浮点型
Out[7]: 0.0
```

### 4. dtype 构造函数

dtype 是一种特殊的对象，用于描述 ndarray 中元素的类型，既可以使用标准的 Python 类型创建，也可以使用 NumPy 特有的数据类型来指定，如案例 2－9 所示。dtype 的存在是 NumPy 强大而灵活的原因之一。多数情况下，它们直接映射到相应的机器表示，可使读写磁盘的二进制数据流更加方便，与 C 语言相互调用更加简单。

案例 2－9：数组的数据类型设置。

```
In [8]: arr1=np.array([1,2,3,4],dtype=np.float64)# 指定 arr1 为 64 位浮点型
In [9]: arr2=np.array([1,2,3,4],dtype=np.int32)  # 指定 arr2 位 32 位整型
In [10]: arr1.dtype
Out[10]: dtype('float64')
In [11]: arr2.dtype
Out[11]: dtype('int32')
```

通常情况下，可以通过 ndarray 的 astype 方法显式地转换为其他 dtype，如案例 2－10 所示。

案例 2－10：整型类型转换为浮点型。

```
In [8]: arr1=np.array([1,2,3,4],dtype=np.float64)
In [9]: arr2=np.array([1,2,3,4],dtype=np.int32)
In [10]: arr1.dtype
Out[10]: dtype('float64')
In [11]: arr2.dtype
Out[11]: dtype('int32')
In [12]: arr=np.array([1,2,3,4])
In [13]: arr.dtype
Out[13]: dtype('int32')
In [14]: float_arr=arr.astype(np.float32)  # 整型转换为浮点型
In [15]: float_arr.dtype
Out[15]: dtype('float32')
```

In[14] 将整型转换为浮点型，若将浮点型转换为整数，小数部分会被截断，如案例 2－11 所示。

案例 2－11：浮点型转换为整型。

```
In [16]: arr=np.array([1.2,3.4,5.6,7.8])
In [17]: arr
Out[17]: array([1.2, 3.4, 5.6, 7.8])
In [18]: arr.astype(np.int32)
Out[18]: array([1, 3, 5, 7])
```

如果字符串是由数字组成的，可以用 astype 将其转换为数值形式，如案例 2－12 所示。

案例 2－12：字符串转换为数值。

```
In [19]: num_strings=np.array(['1.23','-4.56','78'],dtype=np.string_)
In [20]: num_strings.astype(float)
Out[20]: array([1.23, -4.56, 78.])
```

如果所有的转换发生错误，将会出现一个 TypeError。

数组的 dtype 还有另外一个用法，如案例 2－13 所示。

案例 2－13：数组变量作参数转换。

```
In [21]: int_arr=np.arange(10)
In [22]: float_arr=np.array([.1,.2,.3],dtype=np.float32)
In [23]: int_arr.astype(float_arr)
```

```
In [24]: int_arr.astype(float_arr.dtype)
Out[24]: array([0., 1., 2., 3., 4., 5., 6., 7., 8., 9.], dtype=float32)
```

**5. 创建数据类型**

有时，用户必须根据具体情况自己创建数据类型。

案例 2－14：创建数据类型。

```
In[25]: import numpy as np
In[26]: print(np.dtype([("name",np.str_,40),("numitems",np.int32),("price",
np.float32)]))
[('name', '<U40'), ('numitems', '<i4'), ('price', '<f4')]
```

### 2.1.3 数组的运算

**1. 数组之间的运算**

两个数组之间的算术运算如案例 2－15 所示。

案例 2－15：数组之间的运算。

```
In [9]: arr1=np.array([[1.0,2.0,3.0],[4.0,5.0,6.0]])
In [10]: arr1
Out[10]:
array([[1., 2., 3.],
       [4., 5., 6.]])
In [11]: arr2=np.array([[7.0,8.0,9.0],[10.0,11.0,12.0]])
In [12]: arr2
Out[12]:
array([[ 7.,  8.,  9.],
       [10., 11., 12.]])
In [13]: arr1*arr2
Out[13]:
array([[ 7., 16., 27.],
       [40., 55., 72.]])
In [14]: arr2-arr1
Out[14]:
array([[6., 6., 6.],
       [6., 6., 6.]])
In [15]: arr2+arr1
Out[15]:
array([[ 8., 10., 12.],
       [14., 16., 18.]])
In [16]: arr2/arr1
```

```
Out[16]:
array([[7. , 4. , 3. ],
       [2.5, 2.2, 2. ]])
```

**2. 数组与常数的运算**

数组与常数之间的算术运算如案例 2－16 所示。可以看出，常数与数组的每个元素都进行了运算，其中 arr**2 表示对数组的每个元素做平方运算。

**案例 2－16：** 数组与常数的运算。

```
In [17]: arr1*10
Out[17]:
array([[10., 20., 30.],
       [40., 50., 60.]])
In [18]: arr1**2
Out[18]:
array([[1., 4., 9.],
       [16., 25., 36.]])
In [19]: 1/arr1
Out[19]:
array([[1., 0.5, 0.33333333],
       [0.25, 0.2, 0.16666667]])
```

**3. 数组的比较运算**

数组的比较运算有 >、>=、==、<、<=、!=，结果返回布尔类型数组，如案例 2－17 所示。

**案例 2－17：** 数组的比较运算。

```
In [20]: a=np.array([1,2,3,4,5])
In [21]: b=np.array([5,4,3,2,1])
In [22]: a>b
Out[22]: array([False, False, False, True, True])
In [23]: a>=b
Out[23]: array([False, False, True, True, True])
In [24]: a==b
Out[24]: array([False, False, True, False, False])
In [25]: a<b
Out[25]: array([True, True, False, False, False])
In [26]: a<=b
Out[26]: array([True, True, True, False, False])
In [27]: a!=b
Out[27]: array([True, True, False, True, True])
```

#### 4. 数组的逻辑运算

逻辑运算中，all() 表示必须满足所有条件，相当于 and ； any() 表示满足条件之一即可，相当于 or。具体如案例 2－18 所示。

案例 2－18：数组的逻辑运算。

```
In [17]: np.all(a==b)
Out[17]: False
In [18]: np.any(a==b)
Out[18]: True
```

## 2.2 数组的访问与变换

2.2 数组的访问与变换

数组的访问是通过索引实现的，NumPy 通过索引可以高效访问数组。另外，在对数组进行操作时，经常需要改变数组的维度，为此，NumPy 提供了多个用于实现数组分割、合并等操作函数。

### 2.2.1 索引和切片

#### 1. 一维数组索引

一维数组的索引方式与 Python 列表功能相似，如案例 2－19 所示。

案例 2－19：一维数组索引。

```
In [1]: import numpy as np                          # 导入 NumPy 库
In [2]: arr=np.arange(10)                           # 生成数组，包含 10 个元素
In [3]: arr
Out[3]: array([0, 1, 2, 3, 4, 5, 6, 7, 8, 9])
In [4]: arr[1]                                      # 查看索引是 1 的元素
Out[4]: 1
In [5]: arr[2:5]                                # 选取下标为 2, 3, 4 的元素
Out[5]: array([2, 3, 4])
In [6]: arr[:5]                                     # 省略开始下标，从 arr[0] 开始
Out[6]: array([0, 1, 2, 3, 4])
In [7]: arr[-1]                                     #-1 表示从数组最后向前数
Out[7]: 9
In [8]: arr[0:3]=100,101,102                        # 通过下标修改元素的值
In [10]: arr
Out[10]: array([100, 101, 102, 3, 4, 5, 6, 7, 8, 9])
```

#### 2. 二维数组索引

多维数组的各个维度的索引用逗号隔开，如案例 2－20 所示。

案例 2－20：二维数组索引。

```
In [11]: arr2d=np.array([[1,2,3,4],[5,6,7,8],[9,10,11,12]])
In [12]: arr2d
Out[12]:
array([[1, 2, 3, 4],
       [5, 6, 7, 8],
       [9, 10, 11, 12]])
In [13]: arr2d[1]                    # 二维数组的索引位置是一个一维数组
Out[13]: array([5, 6, 7, 8])
In [14]: arr2d[1][2]                 # 索引第 1 行第 2 列的元素
Out[14]: 7
In [15]: arr2d[1,2]                  # 索引第 1 行第 2 列的元素
Out[15]: 7
```

案例 2－21 定义了一个三维数组，其中 arr3d[1] 是一个二维数组，arr3d[1,0] 是一维数组。可以对其中各维数组赋值。

案例 2－21：三维数组索引。

```
In [17]: arr3d=np.array([[[1,2,3,4],[5,6,7,8]],[[9,10,11,12],[13,14,15,16]]])
In [18]: arr3d
Out[18]:
array([[[1, 2, 3, 4],
        [5, 6, 7, 8]],
       [[9, 10, 11, 12],
        [13, 14, 15, 16]]])
In [19]: arr3d[1]                    #arr3d[1] 是一个 2 行 4 列的数组
Out[19]:
array([[9, 10, 11, 12],
       [13, 14, 15, 16]])
In [20]: arr3d[1,0]                  #arr3d[1,0] 是一个一维数组
Out[20]: array([9, 10, 11, 12])
In [21]: arr3d[1]=20                 # 将常数 20 赋值给 arr3d[1]
In [22]: arr3d
Out[22]:
array([[[1, 2, 3, 4],
        [5, 6, 7, 8]],
       [[20, 20, 20, 20],
        [20, 20, 20, 20]]])
```

### 3. 切片索引

切片就是在一个变量后面用一对括号将两个用冒号隔开的数字括起来，这是针对序

列类型的对象进行的操作，冒号前后的两个值为切片的位置。例如 s='abcdef'，索引计数从 0 开始，即 s[0]='a',s[1]='b', 以此类推 s[5]='f' ；因此切片 s[2:5] 表示 'cde'，这个区间是左闭右开的。另外，切片还支持负数索引，不过是从 -1 开始，代表序列中倒数第一个值。如是 s[-1] 表示 'g'。切片的括号内可以再增加一个冒号和数值，这个数值表示步长，切片会按照步长去取值。当选取整个序列时，起始、终止索引和步长均可省略。具体如案例 2－22 所示。

案例 2－22：切片索引。

```
In [23]: import numpy as np
In [24]: s='abcdef'
In [25]: s[0]
Out[25]: 'a'
In [26]: s[2:5]
Out[26]: 'cde'
In [27]: s[-1]
Out[27]: 'f'
In [28]: s[1:-1:2]
Out[28]: 'bd'
In [29]: s[::]
Out[29]: 'abcdef'
```

二维对象较复杂，它可以在一个或多个维度上进行切片，如案例 2－23 所示。

案例 2－23：二维数组切片索引。

```
In [30]: arr
Out[30]: array([100, 101, 102, 3, 4, 5, 6, 7, 8, 9])
In [31]: arr[3:5]
Out[31]: array([3, 4])
In [32]: arr2d
Out[32]:
array([[1, 2, 3, 4],
       [5, 6, 7, 8],
       [9, 10, 11, 12]])
In [33]: arr2d[:2]
Out[33]:
array([[1, 2, 3, 4],
       [5, 6, 7, 8]])
In [24]: arr2d[:2,1:]
Out[24]:
  array([[2, 3, 4],
         [6, 7, 8]])
```

```
In [35]: arr2d[:2,2:]
Out[35]:
  array([[3, 4],
         [7, 8]])
In [36]: arr2d[2,:2]
Out[36]: array([ 9, 10])
In [37]: arr2d[2,:1]
Out[37]: array([9])
In [38]: arr2d[:,:-1]
Out[38]:
  array([[1, 2, 3],
         [5, 6, 7],
         [9, 10, 11]])
In [39]: arr2d[:,:1]
Out[39]:
  array([[1],
         [5],
         [9]])
```

在本案例中，多维切片较复杂，但理解起来并不难，可以参照图 2－1 理解其含义。其他情况读者可以自行推断。

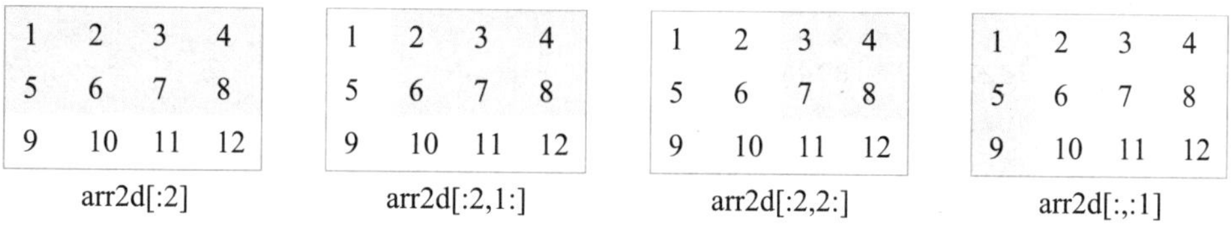

| 1 | 2 | 3 | 4 |
|---|---|---|---|
| 5 | 6 | 7 | 8 |
| 9 | 10 | 11 | 12 |

arr2d[:2]

| 1 | 2 | 3 | 4 |
|---|---|---|---|
| 5 | 6 | 7 | 8 |
| 9 | 10 | 11 | 12 |

arr2d[:2,1:]

| 1 | 2 | 3 | 4 |
|---|---|---|---|
| 5 | 6 | 7 | 8 |
| 9 | 10 | 11 | 12 |

arr2d[:2,2:]

| 1 | 2 | 3 | 4 |
|---|---|---|---|
| 5 | 6 | 7 | 8 |
| 9 | 10 | 11 | 12 |

arr2d[:,:1]

图 2－1　二维数组切片

#### 4. 布尔索引

布尔索引就是根据真假值筛选出需要的数据。假设用一个数组存储教学用品名称（可以重复），用另一个数组存储一组相关数据，要求从中选出我们所关心的信息。如案例 2－24 所示，在 In[41] 定义一个数组，分别赋值为 'Desk'，'Chair' 和 'Blackboard'；在 In[42] 使用 numpy.random 中的 randn 函数生成一组 7 行 5 列的随机数，每行数据与数组 obj 对应；在 In[45] 采用比较运算，产生 Out[45] 的布尔型数组；在 In[46] 使用 obj=='Desk' 这个布尔型值作为数组 data 索引，筛选出关于 Desk 的全部数据；在 In[47] 中，布尔型数组与切片混合使用，筛选出符合条件的两列数据。

案例 2－24：布尔索引。

```
In [41]:obj=np.array(['Desk','Chair','Blackboard','Chair','Desk',
'Blackboard','Desk'])
```

```
In [42]: data=np.random.randn(7,5)
In [43]: obj
Out[43]:
array(['Desk', 'Chair', 'Blackboard', 'Chair', 'Desk', 'Blackboard',
       'Desk'], dtype='<U10')
In [44]: data
Out[44]:
array([[-0.47730903, 0.13752285, 0.82049124, -0.3289888, -0.95831107],
       [-1.98959798, -0.70179569, -0.2588291, 0.62651073, 0.63677801],
       [0.54375222, 1.27052839, 1.47349518, -0.25802782, -0.68401902],
       [1.39437985, -0.79383223, -0.3576392 , -1.20200814, 0.51907683],
       [0.21831681, -0.320655 , 0.76702473, 0.68450168, -0.66453874],
       [-0.82314214, 0.14412734, -1.02617237, -2.79991521, 1.20611918],
       [-1.02362709, -0.13315248, 0.51287489, 0.97663744, -1.24568504]])
In [45]: obj=='Desk'
Out[45]: array([True, False, False, False, True, False, True])
In [46]: data[obj=='Desk']
Out[46]:
array([[-0.47730903, 0.13752285, 0.82049124, -0.3289888, -0.95831107],
       [0.21831681, -0.320655, 0.76702473, 0.68450168, -0.66453874],
       [-1.02362709, -0.13315248, 0.51287489, 0.97663744, -1.24568504]])
In [47]: data[obj=='Desk',1:3]
Out[47]:
array([[0.13752285, 0.82049124],
       [-0.320655, 0.76702473],
       [-0.13315248, 0.51287489]])
```

另外，多个布尔条件的组合可以使用与、或、非实现，其对应符号分别是 &、|、!，如案例 2-25 所示。

**案例 2-25：**多布尔条件索引。

```
In [49]: obj1=(obj=='Desk')|(obj=='Chair')
In [50]: obj1
Out[50]: array([True, True, False, True, True, False, True])
In [51]: data[obj1]
Out[51]:
array([[-0.47730903, 0.13752285, 0.82049124, -0.3289888, -0.95831107],
       [-1.98959798, -0.70179569, -0.2588291, 0.62651073, 0.63677801],
       [1.39437985, -0.79383223, -0.3576392, -1.20200814, 0.51907683],
       [0.21831681, -0.320655, 0.76702473, 0.68450168, -0.66453874],
       [-1.02362709, -0.13315248, 0.51287489, 0.97663744, -1.24568504]])
In [52]: data[obj!='Desk']
```

```
Out[52]:
array([[-1.98959798, -0.70179569, -0.2588291, 0.62651073, 0.63677801],
       [0.54375222, 1.27052839, 1.47349518, -0.25802782, -0.68401902],
       [1.39437985, -0.79383223, -0.3576392, -1.20200814, 0.51907683],
       [-0.82314214, 0.14412734, -1.02617237, -2.79991521,  1.20611918]])
```

可以通过布尔型数组为数组设置值，如案例 2－26 所示，数组数值小于 0 的均设为 0，将 obj 为 Desk 的赋值为 9。

案例 2－26：布尔条件设置值。

```
In [53]: data[data<0]=0
In [54]: data
Out[54]:
array([[0.        , 0.13752285, 0.82049124, 0.        , 0.        ],
       [0.        , 0.        , 0.        , 0.62651073, 0.63677801],
       [0.54375222, 1.27052839, 1.47349518, 0.        , 0.        ],
       [1.39437985, 0.        , 0.        , 0.        , 0.51907683],
       [0.21831681, 0.        , 0.76702473, 0.68450168, 0.        ],
       [0.        , 0.14412734, 0.        , 0.        , 1.20611918],
       [0.        , 0.        , 0.51287489, 0.97663744, 0.        ]])
In [57]: data[obj=='Desk']=9
In [58]: data
Out[58]:
array([[9.        , 9.        , 9.        , 9.        , 9.        ],
       [0.        , 0.        , 0.        , 0.62651073, 0.63677801],
       [0.54375222, 1.27052839, 1.47349518, 0.        , 0.        ],
       [1.39437985, 0.        , 0.        , 0.        , 0.51907683],
       [9.        , 9.        , 9.        , 9.        , 9.        ],
       [0.        , 0.14412734, 0.        , 0.        , 1.20611918],
       [9.        , 9.        , 9.        , 9.        , 9.        ]])
```

### 2.2.2 数组的变换与组合

操作数组时，不但要经常改变数组的维度、形状，还要对数组进行横向组合、纵向组合。NumPy 提供了多种函数用于完成这些操作。

#### 1. 处理数组形状

可使用 reshape 函数改变数组的维度，其参数是一个正整数元组，分别指定每个维度的大小。案例 2－27 即是通过参数设置数组的形状。注意，虽然数组的形状发生了变化，但是原始值不受影响。另外，reshape 的参数个数是可变的，可以指定三元组、四元组等更高维度，前提是各维度之积等于元素个数。

案例 2－27：一维变为多维。

```
In [1]: import numpy as np                    # 导入 numpy
In [2]: arr=np.arange(15)                     # 创建一维数组
In [3]: arr                                   # 显示数组 arr
Out[3]: array([0, 1, 2, 3, 4, 5, 6, 7, 8, 9, 10, 11, 12, 13, 14])
In [4]: arr.reshape(3,5)                      # 设置数组形状
Out[4]:                                       # 查看数组 arr
array([[0, 1, 2, 3, 4],
       [5, 6, 7, 8, 9],
       [10, 11, 12, 13, 14]])
In [5]: arr.reshape(5,3)                      # 设置数组形状
Out[5]:                                       # 查看数组 arr
array([[0, 1, 2],
       [3, 4, 5],
       [6, 7, 8],
       [9, 10, 11],
       [12, 13, 14]])
In [6]: arr=np.arange(12)                     # 创建一维数组
In [7]: arr.reshape(2,3,2)                    # 设置数组形状
Out[7]:                                       # 查看数组
array([[[0, 1],
        [2, 3],
        [4, 5]],
       [[6, 7],
        [8, 9],
        [10, 11]]])
```

可以使用 ravel() 和 flatten() 函数将多维数组转换为一维数组，如案例 2－28 所示。

案例 2－28：多维变为一维。

```
In [9]: arr=np.arange(15).reshape(3,5)
In [10]: arr
Out[10]:
array([[0, 1, 2, 3, 4],
       [5, 6, 7, 8, 9],
       [10, 11, 12, 13, 14]])
In [11]: arr1=arr.ravel()
In [12]: arr1
Out[12]: array([0, 1, 2, 3, 4, 5, 6, 7, 8, 9, 10, 11, 12, 13, 14])
In [13]: arr2=arr.flatten()
In [14]: arr2
Out[14]: array([0, 1, 2, 3, 4, 5, 6, 7, 8, 9, 10, 11, 12, 13, 14])
```

在线性代数中，矩阵的转置是一种由行变列、由列变行的操作。这种操作可通过 transpose() 实现，如案例 2－29 所示。

案例 2－29：转置。

```
In [15]: arr
Out[15]:
array([[0, 1, 2, 3, 4],
       [5, 6, 7, 8, 9],
       [10, 11, 12, 13, 14]])
In [16]: arr.transpose()                # 转置操作，数组行列互换
Out[15]:
array([[0, 5, 10],
       [1, 6, 11],
       [2, 7, 12],
       [3, 8, 13],
       [4, 9, 14]])
```

另外，函数 resize() 和 reshape() 的作用相似，但它会改变数组，而 reshape() 不会，如案例 2－30 所示。

案例 2－30：调整大小。

```
In [18]: arr3=np.arange(8)             # 创建一个一维数组
In [19]: arr3
Out[19]: array([0, 1, 2, 3, 4, 5, 6, 7])
In [20]: arr3.resize(2,4)              # 调整大小，数组发生改变
In [21]: arr3
Out[21]:
array([[0, 1, 2, 3],
       [4, 5, 6, 7]])
```

2. 组合数组

数组可以进行横向组合和纵向组合，横向组合函数有 hstack() 和 concatenate()，如案例 2－31 所示。

案例 2－31：横向组合。

```
In [22]: arr1=np.arange(9).reshape(3,3)
In [23]: arr1
Out[23]:
array([[0, 1, 2],
       [3, 4, 5],
       [6, 7, 8]])
In [24]: arr2=arr1*2
```

```
In [25]: arr2
Out[25]:
array([[0, 2, 4],
       [6, 8, 10],
       [12, 14, 16]])
In [26]: np.hstack((arr1,arr2))                    # 横向组合
Out[26]:
array([[0, 1, 2, 0, 2, 4],
       [3, 4, 5, 6, 8, 10],
       [6, 7, 8, 12, 14, 16]])
In [28]: np.concatenate((arr2,arr1),axis=1)# 横向组合，该函数要求参数 axis=1
Out[28]:
array([[0, 2, 4, 0, 1, 2],
       [6, 8, 10, 3, 4, 5],
       [12, 14, 16, 6, 7, 8]])
```

纵向组合函数有 vstack() 和 concatenate()，如案例 2－32 所示。

案例 2－32：纵向组合。

```
In [30]: np.vstack((arr1,arr2))          # 纵向组合
Out[30]:
array([[0, 1, 2],
       [3, 4, 5],
       [6, 7, 8],
       [0, 2, 4],
       [6, 8, 10],
       [12, 14, 16]])
In [31]: np.concatenate((arr2,arr1))# 纵向组合，省略参数 axis，默认为 axis=0
Out[31]:
array([[0, 2, 4],
       [6, 8, 10],
       [12, 14, 16],
       [0, 1, 2],
       [3, 4, 5],
       [6, 7, 8]])
```

### 3. 拆分数组

数组可以进行横向拆分和纵向拆分，通过函数 split() 和 hsplit() 可进行横向拆分，如案例 2－33 所示。

案例 2－33：横向拆分。

```
In [33]: np.hsplit(arr1,3)               # 使用 hsplit() 分割 arr1 为 3 列
```

```
Out[33]:
[array([[0],
        [3],
        [6]]),
 array([[1],
        [4],
        [7]]),
 array([[2],
        [5],
        [8]])]
In [34]: np.split(arr2,3,axis=1)      # 使用 split() 分割 arr2 为 3 列，要求参数 axis=1
Out[34]:
[array([[0],
        [6],
        [12]]),
 array([[2],
        [8],
        [14]]),
 array([[4],
        [10],
        [16]])]
```

使用函数 split() 和 vsplit() 可进行纵向拆分，如案例 2 - 34 所示。

案例 2 - 34：纵向拆分。

```
In [36]: np.split(arr1,3)             # 使用 split() 分割 arr1，省略参数 axis=0
Out[36]: [array([[0, 1, 2]]), array([[3, 4, 5]]), array([[6, 7, 8]])]
In [37]: np.vsplit(arr1,3)            # 使用 vsplit() 分割 arr1
Out[37]: [array([[0, 1, 2]]), array([[3, 4, 5]]), array([[6, 7, 8]])]
```

## 2.3 矩阵与通用函数

2.3 矩阵与通用函数

NumPy 不仅提供了大量数组运算函数，还提供了矩阵运算函数。下面介绍 NumPy 矩阵的创建和计算方法，以及通用函数，并进行线性代数运算。

### 2.3.1 创建矩阵

线性代数运算，如行列式、矩阵乘法、矩阵分解及逆矩阵等运算是数组库的重要组成部分。子程序包 numpy.linalg 提供了大量的线性代数运算例程，矩阵继承了 NumPy 提供的二维数组对象 ndarray。创建矩阵使用 mat、matrix 及 bmat 函数。

### 1. 创建矩阵

使用 mat() 创建矩阵时，行间用分号隔开，同行数据用空格隔开。使用 matrix() 创建矩阵时，行和单个元素均用逗号隔开，每行用中括号括起来。具体如案例 2－35 所示。

案例 2－35：创建矩阵。

```
In [1]: import numpy as np                                    # 导入 NumPy 库
In [2]: mat1=np.mat("1 2 3 4;5 6 7 8")                         # 使用 mat() 创建矩阵
In [3]: mat1
Out[3]:
matrix([[1, 2, 3, 4],
        [5, 6, 7, 8]])
In [4]: mat2=np.matrix([[1,2],[3,4],[5,6],[7,8]])# 使用 matrix() 创建矩阵
In [5]: mat2
Out[5]:
matrix([[1, 2],
        [3, 4],
        [5, 6],
        [7, 8]])
```

### 2. 矩阵组合

在矩阵运算过程中，有时需要将几个小矩阵组成一个大矩阵，使用 bmat() 函数可实现该功能。如案例 2－36 所示即是将 mat1 与两个 mat2 组合成一个新矩阵。其中 mat1 组合为新矩阵的前 2 行，两个 mat2 横向组合为新矩阵的后 4 行。

案例 2－36：块矩阵组合。

```
In [6]: mat3=np.bmat("mat1;mat2 mat2")   # 使用 bmat 组合新矩阵
In [7]: mat3
Out[7]:
matrix([[1, 2, 3, 4],
        [5, 6, 7, 8],
        [1, 2, 1, 2],
        [3, 4, 3, 4],
        [5, 6, 5, 6],
        [7, 8, 7, 8]])
```

### 3. 矩阵算术运算

矩阵的运算包括矩阵加、减、乘以及矩阵与数的运算，如案例 2－37 所示。

案例 2－37：矩阵运算。

```
In [8]: mat4=mat1*2                            # 矩阵与数相乘
In [9]: mat4
```

```
Out[9]:
matrix([[2, 4, 6, 8],
        [10, 12, 14, 16]])
In [10]: mat5=mat1+mat4                        # 矩阵相加
In [11]: mat5
Out[11]:
matrix([[3, 6, 9, 12],
        [15, 18, 21, 24]])
In [12]: mat6=mat5-mat4                        # 矩阵相减
In [13]: mat6
Out[13]:
matrix([[1, 2, 3, 4],
        [5, 6, 7, 8]])
In [14]: mat7=mat1*mat2                        # 矩阵相乘
In [15]: mat7
Out[15]:
matrix([[50, 60],
        [114, 140]])
In [16]: mat8=np.multiply(mat1,mat4) # 矩阵对应位置元素相乘
In [17]: mat8
Out[17]:
matrix([[2, 8, 18, 32],
        [50, 72, 98, 128]])
```

#### 4. 矩阵属性运算

矩阵属性运算主要包括转置、逆矩阵、共轭转置等运算，如案例 2－38 所示。

案例 2－38：矩阵属性运算。

```
In [18]: mat1.T                                # 求矩阵转置
Out[18]:
matrix([[1, 5],
        [2, 6],
        [3, 7],
        [4, 8]])
In [19]: mat1.H                                # 求矩阵共轭转置
Out[19]:
matrix([[1, 5],
        [2, 6],
        [3, 7],
        [4, 8]])
In [20]: mat1.I                                # 求矩阵的逆矩阵
```

```
Out[20]:
matrix([[-5.50000000e-01, 2.50000000e-01],
        [-2.25000000e-01, 1.25000000e-01],
        [1.00000000e-01, -2.10437669e-17],
        [4.25000000e-01, -1.25000000e-01]])
In [21]: mat1.A                                  # 求矩阵对应的二维数组
Out[21]:
array([[1, 2, 3, 4],
       [5, 6, 7, 8]])
```

### 2.3.2 通用函数

通用函数（ufunc）是用于对 ndarray 中的数据执行元素级运算的函数，并且以 NumPy 数组作为输出。

**1. 一元 ufunc**

接收一个数组作为参数的通用函数，称为一元 ufunc。案例 2－39 即是对数组的元素计算平方并求自然对数。

**案例 2－39：** 一元 ufunc 运算。

```
In [23]: arr=np.arange(10)                       # 生成含有 10 个元素的数组
In [24]: arr
Out[24]: array([0, 1, 2, 3, 4, 5, 6, 7, 8, 9])
In [25]: np.square(arr)                          # 对数组各元素求平方
Out[25]: array([0, 1, 4, 9, 16, 25, 36, 49, 64, 81], dtype=int32)
In [26]: np.log(arr)                             # 对数组各元素求自然对数
<ipython-input-26-a67b4ae04e95>:1: RuntimeWarning:divide by zero encountered in log
  np.log(arr)                                    #0 的自然对数是负的无穷大
Out[26]:
array([-inf, 0., 0.69314718, 1.09861229, 1.38629436,
       1.60943791, 1.79175947, 1.94591015, 2.07944154, 2.19722458])
```

一元 ufunc 函数的功能表 2－5。

**表 2－5　一元 ufunc 函数**

| 序号 | 函数 | 功能 |
| --- | --- | --- |
| 1 | abs | 计算绝对值，另有相同功能函数 fabs |
| 2 | sqrt | 计算数组各元素平方根 |
| 3 | square | 计算数组各元素平方 |
| 4 | exp | 计算数组各元素指数 e |

续表

| 序号 | 函数 | 功能 |
| --- | --- | --- |
| 5 | log | 求自然对数 |
| 6 | log10 | 求以 10 为底的对数 |
| 7 | log2 | 求以 2 为底的对数 |
| 8 | sign | 求各元素正负，值分别为 1，0，-1 |
| 9 | cell | 求大于等于改值的最小整数 |
| 10 | floor | 求小于等于改值的最大整数 |
| 11 | rint | 将各元素值四舍五入到最接近的整数 |
| 12 | modf | 返回数组小数部分的数组和整数部分的数组 |
| 13 | isnan | 返回判断是否是数字（Nan）的布尔型数组 |
| 14 | isfinite | 返回表示非无穷值的布尔型数组 |
| 15 | isinf | 返回表示无穷值的布尔型数组 |
| 16 | cos | 三角函数，还有 cosh、sin、sinh、tan、tanh |
| 17 | arccos | 三角函数，还有 arccosh、arcsin、arcsinh、arctan、arctanh |
| 18 | logical_not | 计算数组各元素的非值 |

**2. 二元 ufunc**

接收两个数组作为参数的通用函数称为二元 ufunc。案例 2－40 即是对两个数组的相应位置元素求最大值。

**案例 2－40：**二元 ufunc 运算。

```
In [28]: arr1=np.random.random(10)    # 生成具有 10 个元素的随机数数组
In [29]: arr2=np.random.random(10)    # 生成具有 10 个元素的随机数数组
In [30]: arr1
Out[30]:
array([0.75633997, 0.15416218, 0.56751682, 0.56846415, 0.63968055,
       0.0539539, 0.50673277, 0.83061343, 0.07864422, 0.35811818])
In [31]: arr2
Out[31]:
array([0.50489983, 0.09134263, 0.21035619, 0.7091964, 0.15437243,
       0.78933308, 0.46675664, 0.89487336, 0.44860823, 0.89338453])
In [32]: np.maximum(arr1,arr2)        # 求两个数组相应位置的元素最大值
Out[32]:                              # 结果以数组形式输出
```

```
array([0.75633997, 0.15416218, 0.56751682, 0.7091964, 0.63968055,
       0.78933308, 0.50673277, 0.89487336, 0.44860823, 0.89338453])
```

二元 ufunc 函数的功能见表 2-6。

表 2-6　二元 ufunc 函数

| 序号 | 函数 | 功能 |
| --- | --- | --- |
| 1 | add | 数组相应位置元素相加 |
| 2 | subtract | 数组 1 减去数组 2 对应位置元素 |
| 3 | multiply | 数组相同位置元素相乘 |
| 4 | divide | 数组同位置元素做除法，另有 floor_divide |
| 5 | power | 以第二个数组同位置元素为指数求幂 |
| 6 | maximum | 求同一位置的元素的最大值，另有 fmax |
| 7 | minimum | 求同一位置的元素的最小值，另有 fmin |
| 8 | mod | 同位置元素求余 |
| 9 | copysign | 将第二个数组同位置元素的符号赋值给第一个数组 |
| 10 | greater | 大于，另有 greater_equal、less、less_equal、equal、not_equal |
| 11 | logical_and | 逻辑与，另有 logical_or、logical_xor |

### 3. 广播机制

不同形状的数组之间进行算术运算时，NumPy 会执行广播机制。广播机制的原则是短向长看齐。案例 2-41 即是一维数组的广播机制，arr2 是一维数组，要向二维数组看齐，其一维数据向同一列广播，如图 2-2 所示，arr2 为了与 arr1 看齐，一维数据扩展到了第二行和第三行，图中阴影部分即为广播扩展部分。

| 0 | 1 | 2 |  | 1 | 2 | 3 |  | 1 | 3 | 5 |
| --- | --- | --- | --- | --- | --- | --- | --- | --- | --- | --- |
| 3 | 4 | 5 | + | 1 | 2 | 3 | = | 4 | 6 | 8 |
| 6 | 7 | 8 |  | 1 | 2 | 3 |  | 7 | 9 | 11 |

图 2-2　一维数组广播

案例 2-41：一维数组广播。

```
In [33]: arr1=np.array([[0,1,2],[3,4,5],[6,7,8]])
In [34]: arr2=np.array([1,2,3])
In [35]: arr1
Out[35]:
array([[0, 1, 2],
```

```
        [3, 4, 5],
        [6, 7, 8]])
In [36]: arr2
Out[36]: array([1, 2, 3])
In [37]: arr1+arr2
Out[37]:
array([[1, 3, 5],
        [4, 6, 8],
        [7, 9, 11]])
```

二维数组的广播机制如案例 2－42 所示，arr3 是一个 3 行 1 列数组，要向二维数组看齐，其数据向同一行广播，如图 2－3 所示，arr3 为了与 arr1 看齐，数据扩展到了第 2 列和第 3 列，图中阴影部分即为广播扩展部分。

| 0 | 1 | 2 |  | 1 | 1 | 1 |  | 1 | 2 | 3 |
|---|---|---|---|---|---|---|---|---|---|---|
| 3 | 4 | 5 | + | 2 | 2 | 2 | = | 5 | 6 | 7 |
| 6 | 7 | 8 |  | 3 | 3 | 3 |  | 9 | 10 | 11 |

图 2－3　二维数组广播

案例 2－42：二维数组广播。

```
In [38]: arr3=np.array([1,2,3]).reshape((3,1))
In [39]: arr3
Out[39]:
array([[1],
        [2],
        [3]])
In [40]: arr1+arr3
Out[40]:
array([[1, 2, 3],
        [5, 6, 7],
        [9, 10, 11]])
```

## 2.4 统计方法和文件存取

2.4　统计方法和文件存取

NumPy 提供了一些数学函数，可以对数组进行统计计算。另外，NumPy 能够读写磁盘上的文本数据和二进制数据。

### 2.4.1　基本数组统计

NumPy 提供了多种基本数组统计方法，全部基本数组统计方法见表 2－7。

表 2-7　基本数组统计方法

| 序号 | 函数 | 功能 |
|---|---|---|
| 1 | sum | 求和 |
| 2 | mean | 求平均值 |
| 3 | std | 求标准差 |
| 4 | var | 求方差 |
| 5 | min | 求最小值 |
| 6 | max | 求最大值 |
| 7 | argmin | 求最小元素索引 |
| 8 | argmax | 求最大元素索引 |
| 9 | cumsum | 求所有元素累计和 |
| 10 | cumprod | 求所有元素累计积 |

案例 2-43 对各种函数的使用进行了描述。

案例 2-43：统计函数的使用。

```
In [1]: import numpy as np             # 导入 numpy 库
In [3]: arr=np.random.randn(3,4)       # 生成 3 行 4 列随机数组
In [4]: arr
Out[4]:
array([[-0.94766564, -0.33538692, -1.24338002, -0.41608514],
       [-2.14919774, -0.73601675, 0.39870486, -0.21937429],
       [2.08413565, 1.21668298, 0.03536365, 0.91135938]])
In [5]: arr.mean()                     # 求数组元素平均值
Out[5]: -0.11673833186979811
In [7]: np.mean(arr)                   # 求数组元素平均值的另外一种表达方式
Out[7]: -0.11673833186979811
In [8]: arr.sum(axis=0)                # 求数组纵轴元素的和
Out[8]: array([-1.01272773,  0.14527931, -0.80931152, 0.27589995])
In [9]: arr.sum(0)                     # 求数组纵轴元素的和的另外一种表达方式
Out[9]: array([-1.01272773,  0.14527931, -0.80931152, 0.27589995])
In [10]: arr.sum(1)                    # 求数组横轴元素的和
Out[10]: array([-2.94251772, -2.70588393, 4.24754166])
In [11]: arr.sum(axis=1)               # 求数组横轴元素的和的另外一种表达方式
Out[11]: array([-2.94251772, -2.70588393, 4.24754166])
In [12]: np.std(arr)                   # 计算数组标准差
Out[12]: 1.1026395922744856
In [13]: arr.std()                     # 计算数组标准差
Out[13]: 1.1026395922744856
```

```
In [14]: np.var(arr)                    # 计算数组方差
Out[14]: 1.215814070451244
In [15]: arr.var()                      # 计算数组方差
Out[15]: 1.215814070451244
In [16]: np.cumsum(arr)                 # 计算所有元素累计和
Out[16]:
array([-0.94766564, -1.28305256, -2.52643258, -2.94251772, -5.09171546,
       -5.82773221, -5.42902735, -5.64840165, -3.56426599, -2.34758302,
       -2.31221936, -1.40085998])
In [17]: np.cumprod(arr)                # 计算所有元素累计积
Out[17]:
array([-0.94766564, 0.31783466, -0.39518927, 0.16443238, -0.3533977,
       0.26010663, 0.10370578, -0.02275038, -0.04741488, -0.05768888,
       -0.00204009, -0.00185925])
```

### 2.4.2 排序

NumPy 的排序方式分为直接排序和间接排序两种。

**1. 直接排序**

同 Python 内置列表，NumPy 数组通过 sort() 进行排序，如案例 2 - 44 所示。

**案例 2 - 44：** 一维数组排序。

```
In [20]: arr=np.random.randn(10)        # 生成 10 个随机数
In [21]: arr
Out[21]:
array([-0.44625216, -0.08920105, -0.4991647, 1.7079041, 1.17104307,
       0.37927212, 0.43935452, 1.05919138, -1.53316759, 0.11548352])
In [22]: arr.sort()                     # 排序
In [23]: arr
Out[23]:
array([-1.53316759, -0.4991647, -0.44625216, -0.08920105, 0.11548352,
       0.37927212, 0.43935452, 1.05919138, 1.17104307, 1.7079041])
```

多维数组按照轴向排序，需设置 axis 的值，如案例 2 - 45 所示。

**案例 2 - 45：** 二维数组排序。

```
In [24]: arr=np.random.randn(3,4)
In [25]: arr
Out[25]:
array([[1.4002619, -0.22305153, 0.16426407, -0.84740257],
       [-0.53622175, -1.26115712, 1.85353953, -0.43840688],
       [0.01804238, -0.45078689, 1.22110611, -0.5449788]])
```

```
In [26]: arr.sort(1)                    # 沿着横轴排序，即 axis=1
In [27]: arr
Out[27]:
array([[-0.84740257, -0.22305153, 0.16426407, 1.4002619],
       [-1.26115712, -0.53622175, -0.43840688, 1.85353953],
       [-0.5449788, -0.45078689, 0.01804238, 1.22110611]])
```

**2. 间接排序**

在数据分析中，会经常遇到需要根据一个或多个键值进行排序的情况，函数 argsort() 和 lexsort() 可满足该要求，可通过它们得到一个由整数构成的索引数组，索引值表示数据在新序列的位置。案例 2－46 所示为 argsort() 函数的使用过程，结果返回排序后的值的索引。

案例 2－46：使用 argsort() 排序。

```
In [29]: arr=np.array([8,0,2,3,5,7])
In [30]: index_of_arr=arr.argsort()
In [31]: arr
Out[31]: array([8, 0, 2, 3, 5, 7])
In [32]: index_of_arr
Out[32]: array([1, 2, 3, 4, 5, 0], dtype=int64)
```

案例 2－47 所示为根据数组的第一行对其进行排序。

案例 2－47：使用 argsort() 对二维数组排序。

```
In [33]: arr2d=np.random.randn(3,6)
In [34]: arr2d[0]=arr
In [35]: arr
Out[35]: array([8, 0, 2, 3, 5, 7])
In [36]: arr2d
Out[36]:
array([[8., 0., 2., 3., 5., 7.],
       [0.49070988, -1.2928552, 1.37107628, -0.03202685, 0.78843328,
        0.39483611],
       [1.40212673, -0.5567697, 2.7609296, 2.92716123, -0.12988233,
        2.06600495]])
In [37]: arr2d[:,arr2d[0].argsort()]
Out[37]:
array([[0., 2., 3., 5., 7., 8.],
       [-1.2928552, 1.37107628, -0.03202685, 0.78843328, 0.39483611,
        0.49070988],
       [-0.5567697, 2.7609296, 2.92716123, -0.12988233, 2.06600495,
        1.40212673]])
```

函数 lexsort() 可以对多个键值执行间接排序，如案例 2 - 48 所示，这种排序是从最后一个传入数据开始计算。

案例 2 - 48：使用 lexsort () 对二维数组排序。

```
In [38]: first=np.array(['a','b','c','d','e'])
In [39]: last=np.array(['x','y','y','x','z'])
In [40]: sort=np.lexsort((first,last))
In [41]: sort
Out[41]: array([0, 3, 1, 2, 4], dtype=int64) # 索引值是最后的传入数组索引
In [42]: zip(last[sort],first[sort])
Out[42]:
    [('x','a'),
     ('x','d'),
     ('y','b')
     ('y','c')
     ('z','e')]
```

### 3. 去掉重复数据

NumPy 提供了一些针对一维数组的基本运算函数，例如，unique() 用于找出数组的唯一值并排序返回。案例 2 - 49 所示为使用 unique() 删除数组的相同元素。

案例 2 - 49：使用 unique() 删除重复数据。

```
In [43]: strings=np.array(['黄河','长江','黑龙江','松花江','长江','黄河'])
In [44]: strings
Out[44]: array(['黄河', '长江', '黑龙江', '松花江', '长江', '黄河'], dtype='<U3')
In [45]: np.unique(strings)
Out[45]: array(['松花江', '长江', '黄河', '黑龙江'], dtype='<U3')
```

### 4. 使用重复数据

在处理数据时，有时需要把数据重复若干次，tile() 和 repeat() 函数可满足该要求。具体如案例 4 - 50 所示。

案例 2 - 50：使用 tile() 建立重复数据。

```
In [46]: str1=np.tile(strings,3)
In [47]: str1
Out[47]:
array(['黄河', '长江', '黑龙江', '松花江', '长江', '黄河', '黄河', '长
江', '黑龙江', '松花江', '长江', '黄河', '黄河', '长江', '黑龙江', '松花
江', '长江', '黄河'], dtype='<U3')
```

也可以使用 repeat() 函数对二维数组的横轴和纵轴进行排序，如案例 2 - 51 所示。

案例 2－51：使用 repeat() 建立重复数据。

```
In [46]: np.random.seed(100)                          # 设置随机种子
In [47]: arr=np.random.randint(0,10,size=(4,4))      # 建立一个 4 行 4 列数组
In [48]: arr
Out[48]:
array([[8, 8, 3, 7],
       [7, 0, 4, 2],
       [5, 2, 2, 2],
       [1, 0, 8, 4]])
In [49]: arr.repeat(2,axis=0)                         # 按行重复数据
Out[49]:
array([[8, 8, 3, 7],
       [8, 8, 3, 7],
       [7, 0, 4, 2],
       [7, 0, 4, 2],
       [5, 2, 2, 2],
       [5, 2, 2, 2],
       [1, 0, 8, 4],
       [1, 0, 8, 4]])
In [50]: arr.repeat(2,axis=1)                         # 按列重复数据
Out[50]:
array([[8, 8, 8, 8, 3, 3, 7, 7],
       [7, 7, 0, 0, 4, 4, 2, 2],
       [5, 5, 2, 2, 2, 2, 2, 2],
       [1, 1, 0, 0, 8, 8, 4, 4]])
```

可用于数组的集合运算的其他函数见表 2－8，读者可以试着操作，这里不再举例。

表 2－8　数组的集合运算

| 序号 | 函数 | 功能 |
| --- | --- | --- |
| 1 | intersect1d(x,y) | 求数组 x 和 y 中的公共元素并返回有序结果 |
| 2 | union1d(x,y) | 求数组 x 和 y 的并集并返回有序结果 |
| 3 | in1d(x,y) | 返回 x 的元素是否包含于 y 的布尔型数组 |
| 4 | setdiff1d(x,y) | 返回数组在 x 中且不在 y 中的元素 |
| 5 | setxor1d(x，y) | 两个数组元素的对称差 |

### 2.4.3　文件存取

NumPy 提供了读写磁盘文件的函数，如 save() 和 load() 分别用于写和读二进制格式的 .npy 的文件。

### 1. 二进制文件读写

Save() 可以实现对文件中未压缩的数据进行写操作，如果文件路径没有扩展名，系统会自动加上。读操作时使用 load()，扩展名不可以省略，如案例 2－52 所示。

案例 2－52：读写二进制文件。

```
In [51]: arr=np.arange(10)
In [52]: arr
Out[52]: array([0, 1, 2, 3, 4, 5, 6, 7, 8, 9])
In [53]: arr_file=np.load('binary_file.npy')
In [54]: arr_file
Out[54]: array([0, 1, 2, 3, 4, 5, 6, 7, 8, 9])
```

使用 savez() 可以将多个数组保存到一个压缩文件中，即将数组作为参数，扩展名 .npz 不可省略。加载 .npz 文件时，将得到一个类似于字典的对象，该对象会对各个数组延迟加载，如案例 2－53 所示。

案例 2－53：读写二进制压缩文件。

```
In [55]: arr2=np.arange(15)
In [56]: np.savez('arr_archive.npz',a=arr,b=arr2)
In [57]: arr3=np.load('arr_archive.npz')
In [58]: arr3['b']
Out[58]: array([ 0, 1, 2, 3, 4, 5, 6, 7, 8, 9, 10, 11, 12, 13, 14])
In [59]: arr3['a']
Out[59]: array([0, 1, 2, 3, 4, 5, 6, 7, 8, 9])
```

### 2. 文本文件读写

读写文本文件的常用函数有 savetxt() 和 loadtxt()，可读写 .txt 和 .csv 格式的文件。savetxt() 函数可以将数组保存到磁盘中，并且在指定数组元素间设置分隔符，如案例 2－54 所示。

案例 2－54：读写文本文件。

```
In [60]: arr=np.arange(0,12).reshape(3,4)
In [61]: arr
Out[61]:
array([[0, 1, 2, 3],
       [4, 5, 6, 7],
       [8, 9, 10, 11]])
# 将数组 arr 存放在 txt_file.txt 文件中，数组间用分号隔开，元素类型为整型
In [62]: np.savetxt("txt_file.txt",arr,fmt="%d",delimiter=",")
In [63]: np.loadtxt("txt_file.txt",delimiter=",")# 读入文件也需要指定的分隔符
Out[63]:
```

```
array([[0.,  1.,  2.,  3.],
       [4.,  5.,  6.,  7.],
       [8.,  9.,  10.,  11.]])
```

## 2.5 随机函数

2.5 随机函数

NumPy 中的 random 模块提供了多种随机函数，见表 2-9。

表 2-9 常用随机函数

| 序号 | 函数 | 功能 |
|---|---|---|
| 1 | seed() | 随机数生成器种子 |
| 2 | permutation() | 返回一个随机排列序列 |
| 3 | shuffle() | 对随机序列随机排列 |
| 4 | rand() | 生成均匀分布的随机样本 |
| 5 | randint() | 生成给定上下限范围的随机整数 |
| 6 | randn() | 生成正态分布随机样本 |
| 7 | binomial() | 生成二项式分布随机样本 |
| 8 | normal() | 生成正态随机样本 |
| 9 | beta() | 生成 beta 分布随机样本 |
| 10 | chisquare() | 生成卡方随机分布样本 |
| 11 | gamma() | 生成伽马随机样本 |
| 12 | uniform() | 生成 [0 ～ 1] 的均匀分布 |

如案例 2-55 所示，使用 rand() 随机生成一个二维数组，使用 normal() 生成一个正态分布。

案例 2-55：生成随机数。

```
In [10]: np.random.rand(3,3)
Out[10]:
array([[0.03842304, 0.29430871, 0.8690972 ],
       [0.55894371, 0.25613756, 0.21184999],
       [0.13654955, 0.81057085, 0.53426309]])
In [11]: np.random.normal(size=(3,4))
Out[11]:
array([[0.48808787, -0.04471273, -0.09916951, 0.37105133],
       [-0.37015275, 0.14045567, 0.20495397, -1.36110647],
       [0.08258626, 1.22626399, 0.61052039, -1.86577047]])
```

## 2.6 案例——利用 NumPy 库求值

通过前面的学习，大家一定对 NumPy 这个科学计算包有了一定的了解，下面将通过两个用 Numpy 库求值的案例来进一步帮助大家理解 NumPy。

### 2.6.1 数组的计算

利用 Numpy 库创建两个数组 A、B，两个数组的 shape 均为 4*5，数组 A 的元素为 [[0,1,2,3,4],[5,6,7,8,9],[10,11,12,13,14],[15,16,17,18,19]]，数组 B 的元素为 [[100,101,102,103,104],[105,106,107,108,109],[110,111,112,113,114],[115,116,117,118,119]]。

编程实现以下功能：输出 A+B、B−A、A*B、A/B 的结果；对数组 A 中间的两行元素求和，并输出。具体如案例 2－56 所示。

案例 2－56：数组的计算。

```
In [1]: import numpy as np
In [2]: arrayA = np.array([[0,1,2,3,4],
   ...:                    [5,6,7,8,9],
   ...:                    [10,11,12,13,14],
   ...:                    [15,16,17,18,19]])
In [3]: arrayB = np.array([[100,101,102,103,104],
   ...:                    [105,106,107,108,109],
   ...:                    [110,111,112,113,114],
   ...:                    [115,116,117,118,119]])
In [4]: print(arrayA + arrayB)                      # 输出 A+B 的值
Out[4]:
    [[100 102 104 106 108]
     [110 112 114 116 118]
     [120 122 124 126 128]
     [130 132 134 136 138]]
In [5]: print(arrayA * arrayB)                      # 输出 A*B 的值
Out[5]:
    [[   0  101  204  309  416]
     [ 525  636  749  864  981]
     [1100 1221 1344 1469 1596]
     [1725 1856 1989 2124 2261]]
In [6]: print(arrayB - arrayA)                      # 输出 B-A 的值
Out[6]:
    [[100 100 100 100 100]
     [100 100 100 100 100]
     [100 100 100 100 100]
```

```
       [100 100 100 100 100]]
In [7]: print(arrayA / arrayB)                          # 输出 A/B 的值
Out[7]:
     [[0.         0.00990099 0.01960784 0.02912621 0.03846154]
      [0.04761905 0.05660377 0.06542056 0.07407407 0.08256881]
      [0.09090909 0.0990991  0.10714286 0.11504425 0.12280702]
      [0.13043478 0.13793103 0.14529915 0.15254237 0.15966387]]
In [8]: print(sum(arrayA[1,:])+sum(arrayA[2,:]))  # 数组 A 中间的两行元素求和
Out[8]:
95
```

### 2.6.2 “鸡兔同笼”问题

今有鸡兔同笼，上有三十五头，下有九十四足。问鸡兔各多少？

请利用 Numpy 库的 linalg 模块编程求解。具体如案例 2 - 57 所示。

案例 2 - 57：“鸡兔同笼”问题。

```
In [1]: import numpy as np
In [2]: heads , foots = 35, 94
In [3]: A = np.array([[1,1],[2,4]])    # 方程组的系数
In [4]: B = np.array([heads,foots])    # 方程组右侧的常数矩阵
In [5]: X = np.linalg.solve(A,B)
In [6]: print(X)
Out[6]:[23. 12.]
In [7]: print(" 鸡为: {} 只 , 兔为 : {} 只 ".format(X[0],X[1]))
Out[7]:鸡为: 23.0 只 , 兔为 : 12.0 只
```

In[5] 语句中的 linalg 模块包含线性代数的函数，可以使用该模块计算逆矩阵、求特征值、解线性方程组和行列式。

## 单元小结

本单元介绍了 NumPy 的基础知识，包括 ndarray 数组对象的属性和类型、数组运算、索引、切片、数组转置、通用函数、数组的存取、随机数等相关操作，为后续深入学习奠定基础。

## 技能检测

### 一、填空题

1. NumPy 提供的 ndarray 是一个（　　）对象。

2. 显示数组 m 的形状的代码是（　　）。
3. 数组元素的下标是从（　　）开始的。
4. 数据类型对象是（　　）类的实例。
5. 可用（　　）函数将多维数组变成一维数组。
6. 矩阵转置使用的函数是（　　）。
7. 数组水平叠加使用的函数是（　　）。
8. 纵向拆分 Numpy 数组使用的函数是（　　）。
9. 保存数组使用的函数是（　　）。
10. 间接排序使用的函数是（　　）。

## 二、选择题

1. 下列属性表示数组元素总数的是（　　）。
   A. ndim　　B. shape　　C. size　　D. dtype
2. 用于创建等比数列的函数是（　　）。
   A. linspace　　B. logspace　　C. zeros　　D. eye
3. 确定随机数生成器种子的函数是（　　）。
   A. seed　　B. permutation　　C. shuffle　　D. binomial
4. arr[0,3:5] 表示数组（　　）的元素。
   A. 第 0 行中第 3 列到第 5 列　　B. 第 0 行中第 3 列和第 5 列
   C. 第 1 行中第 3 列到第 5 列　　D. 第 1 行中第 3 列和第 5 列
5. 变换数组形态的函数中，可实现数组横向分割的是（　　）。
   A. hstack　　B. Vstack　　C. concatenate　　D. hsplit
6. 矩阵特有属性中，表示自身逆矩阵的是（　　）。
   A. T　　B. H　　C. I　　D. A
7. 能够找出数组中的唯一值并返回已排序的结果的函数是（　　）。
   A. Unique　　B. Tile　　C. Repeat　　D. sort
8. 在下列函数中，（　　）用于计算数组均值。
   A. sum　　B. mean　　C. var　　D. min
9. 可以一次性对具有多个键的数组执行间接排序的函数是（　　）。
   A. sort　　B. argsort　　C. lexsort　　D. 以上都不对
10. 将数组以某种分隔符隔开形成文本，然后写入文件中的函数是（　　）。
   A. save　　B. savez　　C. savetxt　　D. loadtxt

## 三、判断题

1. ndarray 是存储单一数据类型的多维数组。（　　）
2. itemsize 函数可以查看数组元素的个数。（　　）
3. zeros() 函数用于创建全部为 0 的数组。（　　）
4. np.diag([1,2,3,4]) 能够创建一维数组。（　　）
5. randn 函数可以生成服从正态分布的随机数。（　　）
6. arr[−1] 的下标 −1 表示从数组最后向前数的第一个元素。（　　）
7. arr[1:−1:2]) 的第三个参数表示隔一个元素取一个元素。（　　）

8. union(x,y) 可得到一个表示 x 的元素是否包含 y 的布尔型数组。（　）

9. dot() 函数的功能是实现矩阵乘法。（　）

10. intersectld(x,y) 用于计算 x 和 y 中的公共元素，并返回有序结果。（　）

## 四、实践题

1. 创建一个数组，数组的 shape 为（5，5），元素都是 0。

2. 创建一个 3 行 4 列的数组，且数组元素是各不相同的整数。

3. 已知数组 array([[1, 2, 3],[4, 5, 6]]) 与数组 array([[ 7, 8, 9],[10, 11, 12]])，求两个数组的相乘、相加和相减。

4. 对数组 array([[1, 7，2, 9，3],[4, 6，5, 3，6]]) 排序。

# 单元 3

# Pandas 入门

## 单元导读

Pandas 是基于 NumPy 的开源 Python 程序库，是 panel data 与 Python data analysis 的简写，即面板数据与 Python 数据分析。Pandas 是为解决数据分析而创建的，它提供了大量文件库以及操作大型数据的工具和模型。

本单元主要介绍 Pandas 的基本功能，包括 Pandas 的两个重要的数据结构 Series 和 DataFrame。

## 学习重点

1. Series 数据结构。
2. DataFrame 数据结构。
3. 索引。
4. 排序。
5. 数据增加与删除。
6. 选取与过滤。
7. 数据填充。
8. 处理缺失数据。
9. 存取文件。

## 素养提升

在学习的过程中注意归纳总结、对比分析，加强自身科学素养的提高。

## 3.1 Pandas 数据结构

3.1 Pandas 数据结构

Pandas 有两个重要的数据结构：Series 和 DataFrame，分别为一维数据结构和二维数据结构，它们为实现大多数应用提供了可靠和易于使用的基础。

### 3.1.1 Series

Series 类似一维数组的对象，由索引列和数据列组成，其中索引列可以自动产生也可以指定。

**1. 自动生成索引**

如案例 3－1 所示，左列是索引或称为标签，右列是所存储的数据，数据类型是 int64。索引是自动创建的，是从 0 开始的连续整数。可以通过 Series 的 values 和 index 属性获取数据值和索引值，如 In[4] 和 In[5]。

案例 3－1：自动生成索引。

```
In [1]: import pandas as pd
In [2]: series_obj=pd.Series([1,2,3,4])
In [3]: series_obj
Out[3]:
0    1
1    2
2    3
3    4
dtype: int64
In [4]: series_obj.values
Out[4]: array([1, 2, 3, 4], dtype=int64)
In [5]: series_obj.index
Out[5]: RangeIndex(start=0, stop=4, step=1)
```

**2. 指定索引**

可以为数据指定索引，索引是字符型、字符串型或数值型。如案例 3－2 所示为通过索引引用数据值，如 In[9] 和 In[10]。

案例 3－2：指定索引。

```
In [6]: ser=pd.Series([1,2,3,4],index=['x','a','y','b'])
In [7]: ser
Out[7]:
x    1
a    2
```

```
y     3
b     4
dtype: int64
In [8]: ser.index
Out[8]: Index(['x', 'a', 'y', 'b'], dtype='object')
In [9]: ser['y']
Out[9]: 3
In [10]: ser[['a','b']]
Out[10]:
a     2
b     4
dtype: int64
```

3. 数学运算

Series 对象参与运算时，索引值不变；NumPy 数组会参与运算，如案例 3－3 所示。

案例 3－3：索引不参与运算。

```
In [11]: ser*10
Out[11]:
x     10
a     20
y     30
b     40
dtype: int64
In [12]: ser[ser>2]
Out[12]:
y     3
b     4
dtype: int64
```

4. 使用字典创建 Series

如果想使用字典中的数据，可以用字典创建 Series，如案例 3－4 所示，自动生成标签和数据。如果使用一个字典，则得到的 Series 中的索引是字典的键值，参见 In[16] 和 In[17] 行。由于北京、上海和黑龙江与 Series 的索引相匹配，匹配原数据值；而吉林、辽宁没有匹配原索引，找不到数据，因此得到的结果是 NaN，表示 not a number，即非数字。

案例 3－4：只使用字典创建 Series。

```
In [13]: ser_dic={'北京':2189.31,'上海':2487.09,'黑龙江':3185.01}
In [14]: ser_obj=pd.Series(ser_dic)
In [15]: ser_obj
```

```
Out[15]:
北京        2189.31
上海        2487.09
黑龙江      3185.01
dtype: float64
In [16]: province=['北京','上海','黑龙江','吉林','辽宁']
In [17]: ser_dic=pd.Series(ser_dic,index=province)
In [18]: ser_dic
Out[18]:
北京        2189.31
上海        2487.09
黑龙江      3185.01
吉林            NaN
辽宁            NaN
dtype: float64
```

可以使用 isnull() 和 notnull() 检测 NaN，如案例 3－5 所示。

案例 3－5：检测 NaN。

```
In [19]: pd.isnull(ser_dic)
Out[19]:
北京        False
上海        False
黑龙江      False
吉林        True
辽宁        True
dtype: bool
In [20]: pd.notnull(ser_dic)
Out[20]:
北京        True
上海        True
黑龙江      True
吉林        False
辽宁        False
dtype: bool
```

**5. Series 的 name 属性**

Series 具有 name 属性，index 也具有 name 属性，如案例 3－6 所示。索引可以通过对索引赋值去修改，参见 In[24] 行。

案例 3－6：name 属性。

```
In [21]: ser_dic.name='人口'
```

```
In [22]: ser_dic.index.name='省自治区直辖市特别行政区'
In [23]: ser_dic
Out[23]:
省自治区直辖市特别行政区
北京        2189.31
上海        2487.09
黑龙江      3185.01
吉林            NaN
辽宁            NaN
Name: 人口, dtype: float64
In [24]: ser_dic.index=['北京','上海','黑龙江','香港','台湾']
In [25]: ser_dic
Out[25]:
省自治区直辖市特别行政区
北京        2189.31
上海        2487.09
黑龙江      3185.01
香港            NaN
台湾            NaN
Name: 人口, dtype: float64
```

#### 6. 按索引自动对齐算术运算

两个 Series 对象参加运算时，索引值相同的数据会自动参加运算，索引值不同的数据不会参加运算。如案例 3－7 所示。

案例 3－7：按索引对齐运算。

```
In [22]: data1={'a':1,'b':2,'c':3}
In [23]: data2={'c':4,'b':5,'a':6}
In [24]: ser1=pd.Series(data1)
In [25]: ser2=pd.Series(data2)
In [26]: ser1
Out[26]:
a    1
b    2
c    3
dtype: int64
In [27]: ser2
Out[27]:
c    4
b    5
a    6
dtype: int64
```

```
In [28]: ser1+ser2
Out[28]:
a    7
b    7
c    7
dtype: int64
```

### 3.1.2 DataFrame

DataFrame 是 pandas 的一种带有标签的二维对象，类似于 excel 电子表格，是具有行索引和列索引的表格型数据结构，可以看作 Series 组成的字典。

**1. DataFrame 的构建**

构建 DataFrame 的方法有很多，下面逐一介绍。如案例 3－8 所示，使用 NumPy 二维数组构建，系统会自动为 DataFrame 创建索引，索引标号从 0 开始。

案例 3－8：使用 NumPy 二维数组构建。

```
In [1]: import numpy as np
In [2]: import pandas as pd
In [3]: arr2d=np.array([['a','b','c','d'],['e','f','g','h']])
In [4]: df=pd.DataFrame(arr2d)
In [5]: df
Out[5]:
   0  1  2  3
0  a  b  c  d
1  e  f  g  h
```

构建 DataFrame 时可以指定索引名称，如案例 3－9 所示。

案例 3－9：指定索引名称。

```
In [6]: pd.DataFrame(arr2d,columns=['one','two','three','four'],
                    index=['line1','line2'])
Out[6]:
      one two three four
line1   a   b     c    d
line2   e   f     g    h
```

另外，还可以直接传入一个由等长列表或 NumPy 组成的字典，如案例 3－10 所示。

案例 3－10：传入字典。

```
In [7]: data={'学号':[20001,20002,20003],
              '姓名':['王  慧','祝  蕾','尹金慧'],
              '年龄':[19,18,18],'成绩':[88,89,92]}
```

```
In [8]: df_data=pd.DataFrame(data)
In [9]: df_data
Out[9]:
   学号     姓名    年龄   成绩
0  20001   王  慧   19    88
1  20002   祝  蕾   18    89
2  20003   尹金慧   18    92
```

DataFrame 可以接收的数据种类较多，表 3-1 列出了传输给 DataFrame 构造器的数据类型。

表 3-1　传输给 DataFrame 构造器的数据类型

| 序号 | 类型 | 功能 |
|---|---|---|
| 1 | 二维 ndarry | 数据矩阵 |
| 2 | 数组、列表组成的字典 | 每个序列相同且会变成 DataFrame 的一列 |
| 3 | NumPy 的结构化数组 | 类似于数组组成的字典 |
| 4 | 字典组成的字典 | 内层字典成为一列，键会合并成结果的行索引 |
| 5 | 字典或 Series 的列表 | 各项成为 DataFrame 的一行，列表或 Series 索引成为列标 |
| 6 | 列表组成的列表 | 类似于二维 ndarray |
| 7 | 其他 DataFrame | 该 DataFrame 的索引将会被沿用 |
| 8 | 由 Series 组成的字典 | 每个 Series 成为一列 |

### 2. DataFrame 常用属性

DataFrame 的基本属性有 value、index、columns 和 dtype，分别表示元素值、索引、列名和类型，这些属性的获取方式如案例 3-11 所示。

案例 3-11：属性获取。

```
In [10]: df_data.values
Out[10]:
array([[20001, '王  慧', 19, 88],
       [20002, '祝  蕾', 18, 89],
       [20003, '尹金慧', 18, 92]], dtype=object)
In [11]: df_data.index
Out[11]: RangeIndex(start=0, stop=3, step=1)
In [12]: df_data.columns
Out[12]: Index(['No.', 'Name', 'Age', 'Score'], dtype='object')
In [13]: df_data.dtypes
Out[13]:
No.        int64
```

```
Name      object
Age        int64
Score      int64
dtype: object
```

DataFrame 还有 size、ndim、shape 和 T 等属性，分别用于获取 DataFrame 的元素个数、维度、行列数和转置，如案例 3－12 所示。

案例 3－12：其他属性获取。

```
In [14]: df_data.size
Out[14]: 12
In [15]: df_data.ndim
Out[15]: 2
In [16]: df_data.shape
Out[16]: (3, 4)
In [17]: df_data.T
Out[17]:
             0       1       2
No.      20001   20002   20003
Name     王 慧   祝 蕾   尹金慧
Age         19      18      18
Score       88      89      92
```

### 3. 查看数据

DataFrame 的单列数据为 Series，可以使用列标签访问每一列。案例 3－13 给出了两种数据查看方式。

案例 3－13：使用列标签查看数据。

```
In [18]: df_data['姓名']
Out[18]:
0     王 慧
1     祝 蕾
2     尹金慧
Name: 姓名, dtype: object
In [19]: df_data.姓名
Out[19]:
0     王 慧
1     祝 蕾
2     尹金慧
Name: 姓名, dtype: object
```

查看某列、某几行数据时，可以将单独一列看作一个 Series，访问 Series 的方式与一维 ndarray 相同，如案例 3－14 所示。

案例 3－14：查看单列多行数据。

```
In [20]: df_data['姓名'][:2]
Out[20]:
0      王 慧
1      祝 蕾
Name: 姓名, dtype: object
```

访问多列数据时，可以将列索引名称放入一个列表，如案例 3－15 所示。

案例 3－15：查看多列多行数据。

```
In [21]: df_data[['姓名','成绩']][:2]
Out[21]:
      姓名  成绩
0  王 慧    88
1  祝 蕾    89
```

## 3.2 索引操作

3.2 索引操作

Series 类对象是一维结构，只有行索引，而 DataFrame 类对象是二维结构，拥有行索引和列索引。二者结构不同，索引操作也不同。

### 3.2.1 索引对象

Pandas 中的索引都是 Index 类对象，称为索引对象，该类对象不可以修改。Pandas 的索引对象负责管理轴标签和其他数据，构建 Series 和 DataFrame 所用到的标签和数据都会转换成 Index，如案例 3－16 所示。

案例 3－16：Pandas 的索引。

```
In [1]: import pandas as pd
In [2]: import numpy as np
In [3]: Series_obj=pd.Series(range(4),index=['a','b','c','d'])
In [4]: Series_index=Series_obj.index
In [5]: Series_index
Out[5]: Index(['a', 'b', 'c', 'd'], dtype='object')
In [6]: Series_index[2:]
Out[6]: Index(['c', 'd'], dtype='object')
```

Index 是一个基类，它派生了许多子类。表 3－2 列出了 Pandas 内置的 Index 类，它们是 Pandas 数据模型的重要组成部分。

表 3-2 Pandas 内置的 Index 类

| 序号 | 类型 | 功能 |
|---|---|---|
| 1 | Index | 最泛化的 Index 对象，将轴标签表示为 NumPy 数组 |
| 2 | Int64Index | 整数索引 |
| 3 | Float64Index | 浮点数索引 |
| 4 | DatetimeIndex | 存储纳秒级时间索引 |
| 5 | PeriodIndex | 时间间隔索引 |
| 6 | MultiIndex | 层次化索引，表示单个轴上的多层索引 |

表 3-2 中的前 5 个用于创建单层索引，如案例 3-15 所创建的索引；最后一个用于创建分层索引，它在每个轴的方向上有两层或多层结构的索引。图 3-1 和图 3-2 描述了 Series 类对象和 DataFrame 类对象层次索引，图中的英文字母表示一层索引，数字表示二层索引，一层索引嵌套二层索引。

| | | |
|---|---|---|
| a | 0 | 数据 |
| | 1 | 数据 |
| b | 0 | 数据 |
| | 1 | 数据 |
| c | 2 | 数据 |
| | 3 | 数据 |

图 3-1 Series 分层索引

| 行<br>列 | | a | | b | |
|---|---|---|---|---|---|
| | | 0 | 1 | 0 | 1 |
| a | 0 | 数据 | 数据 | 数据 | 数据 |
| | 1 | 数据 | 数据 | 数据 | 数据 |
| b | 0 | 数据 | 数据 | 数据 | 数据 |
| | 1 | 数据 | 数据 | 数据 | 数据 |

图 3-2 DataFrame 类对象

层次化索引是 Pandas 的一项重要功能，能够在一个轴上拥有更多层次的索引，进而实现低维度处理高维度数据。案例 3-17 所示为创建 Series 和 DataFrame 的实例。

案例 3-17：层次索引。

```
In [7]: Series_index=pd.Series(np.random.randn(9),
   ...: index=[['a','a','b','b','b','c','c','c','c'],
   ...:        [1,2,1,2,3,1,2,3,4]])
In [8]: Series_index
Out[8]:
a  1   -1.294137
   2    0.124230
b  1    0.987207
   2   -2.233110
   3    0.046951
```

```
c  1     0.908653
   2    -1.040159
   3    -0.039748
   4    -0.076952
dtype: float64
In [9]: DataFrame_index=pd.DataFrame(np.arange(16).reshape((4,4)),
    ...:      index=[['a','a','b','b'],[1,2,3,4]],
    ...:      columns=[['A','A','B','B'],[1,2,3,4]])
In [10]: DataFrame_index
Out[10]:
      A       B
      1   2   3   4
a 1   0   1   2   3
  2   4   5   6   7
b 3   8   9  10  11
  4  12  13  14  15
```

可以对各层索引指定名称，如案例 3－18 所示。可以利用一层索引访问列分组。

案例 3－18：层次索引命名。

```
In [11]: DataFrame_index.index.names=['index1','index2']
In [12]: DataFrame_index.columns.names=['columns1','columns2']
In [13]: DataFrame_index
Out[13]:
columns1         A       B
columns2         1   2   3   4
index1 index2
a      1         0   1   2   3
       2         4   5   6   7
b      3         8   9  10  11
       4        12  13  14  15
In [14]: DataFrame_index['A']
Out[14]:
columns2         1   2
index1 index2
a      1         0   1
       2         4   5
b      3         8   9
       4        12  13
In [15]: DataFrame_index['B']
Out[15]:
columns2         3   4
```

```
index1 index2
a      1         2   3
       2         6   7
b      3        10  11
       4        14  15
```

### 3.2.2 单层索引的使用

Pandas 使用 []、loc[]、iloc[]、at[] 和 iat[] 访问单层索引 Series 类对象和 DataFrame 类对象，下面分别介绍。

**1. 使用 [] 访问对象数据**

使用 [] 访问 Series 对象数据时，会获取索引位置的单个数据；而访问 DataFrame 对象数据时，给定的索引值为列索引，会获取一列数据，如案例 3－19 所示。

案例 3－19：使用 [] 访问索引对象。

```
In [16]: Series_obj
Out[16]:
a    0
b    1
c    2
d    3
dtype: int64
In [17]: Series_obj['b']
Out[17]: 1
In [18]: DataFrame_obj=pd.DataFrame(np.arange(16).reshape((4,4)),
    ...:     ...:      index=['a','b','c','d'],
    ...:     ...:      columns=['A','B','C','D'])
In [19]: DataFrame_obj
Out[19]:
    A   B   C   D
a   0   1   2   3
b   4   5   6   7
c   8   9  10  11
d  12  13  14  15
In [20]: DataFrame_obj['C']
Out[20]:
a     2
b     6
c    10
d    14
Name: C, dtype: int32
```

### 2. 使用 loc[] 和 iloc[] 访问对象数据

使用 loc[] 访问索引对象时，索引必须为自定义的标签索引；而使用 iloc[] 访问索引对象时，索引必须为自动生成的整数索引。使用 loc[] 和 iloc[] 访问 Series 类对象时，与使用 [] 类似，都是获取单个数据；而访问 DataFrame 类对象时，与使用 [] 恰恰相反，给定的索引为行索引，用于获取索引位置的一行数据，如案例 3－20 所示。

案例 3－20：使用 loc[] 和 iloc[] 访问索引对象。

```
In [21]: Series_obj.loc['a']
Out[21]: 0
In [22]: Series_obj.iloc[2]
Out[22]: 2
In [23]: DataFrame_obj.loc['c']
Out[23]:
A      8
B      9
C     10
D     11
Name: c, dtype: int32
In [24]: DataFrame_obj.iloc[1]
Out[24]:
A     4
B     5
C     6
D     7
Name: b, dtype: int32
```

### 3. 使用 at[] 和 iat[] 访问对象数据

使用 at[] 和 iat[] 访问 DataFrame 对象时，可以通过行索引和列索引获取单个数据。同样，at[] 的索引为自动标签，iat[] 为自动生成的整数索引。如案例 3－21 所示，使用 at['c','C'] 获取 c 行 C 列位置的元素，索引标签均是自定义标签；而使用 iat[2,2] 获取第 3 行第 3 列位置的数据，索引标签均是自动生成的标签。

案例 3－21：使用 at[] 和 iat[] 访问索引对象。

```
In [25]: DataFrame_obj.at['c','C']
Out[25]: 10
In [26]: DataFrame_obj.iat[2,2]
Out[26]: 10
```

### 3.2.3 分层索引的使用

Pandas 使用 []、loc[] 和 iloc[] 访问索引对象，下面分别介绍。

### 1. 使用 [] 访问对象数据

使用 [] 访问数据时，会根据具体情况传入不同层次的索引。下面分别介绍 Series 类对象和 Dataframe 类对象的分层索引的使用。如案例 3－22 所示，访问 Series 对象时，在 In[28] 使用第一层索引标签 'a' 访问了其嵌套的第二层索引的全部数据；在 In[29] 使用了两个层次的标签访问了由第一层索引与第二层索引共同确定的位置数据。In[31] 和 In[32] 是对 DataFrame 类对象的分层索引的使用。

案例 3－22：使用 [] 访问层次索引对象。

```
In [27]: Series_index
Out[27]:
a  1   -0.754788
   2   -0.102801
b  1   -0.361901
   2   -1.389925
   3    1.802311
c  1   -0.926445
   2   -1.124209
   3   -0.012059
   4   -1.021408
dtype: float64
In [28]: Series_index['a']
Out[28]:
1   -0.754788
2   -0.102801
dtype: float64
In [29]: Series_index['c'][2]
Out[29]: -1.1242093399574131
In [30]: DataFrame_index
Out[30]:
      A       B
      1   2   3   4
a 1   0   1   2   3
  2   4   5   6   7
b 3   8   9  10  11
  4  12  13  14  15
In [31]: DataFrame_index['B']
Out[31]:
      3   4
a 1   2   3
  2   6   7
b 3  10  11
```

```
  4  14  15
In [32]: DataFrame_index['B'][4]
Out[32]:
a  1     3
   2     7
b  3    11
   4    15
Name: 4, dtype: int32
```

### 2. 使用 loc[] 和 iloc[] 访问对象数据

使用 loc[] 和 iloc[] 访问 Series 类对象和 DatFrame 类对象的方式与使用 [] 时相同，案例 3－23 以 loc[] 为例来访问层次索引对象。iloc[] 在使用时是系统的自动索引标签，读者可以自行调试。

案例 3－23：使用 loc[] 访问层次索引对象。

```
In [33]: Series_index
Out[33]:
a  1   -0.754788
   2   -0.102801
b  1   -0.361901
   2   -1.389925
   3    1.802311
c  1   -0.926445
   2   -1.124209
   3   -0.012059
   4   -1.021408
dtype: float64
In [34]: Series_index.loc['a']
Out[34]:
1   -0.754788
2   -0.102801
dtype: float64
In [35]: Series_index.loc['a',2]
Out[35]: -0.10280119017357381
In [36]: DataFrame_index
Out[36]:
      A        B
      1   2    3   4
a 1   0   1    2   3
  2   4   5    6   7
b 3   8   9   10  11
  4  12  13   14  15
```

```
In [37]: DataFrame_index.loc['b']
Out[37]:
    A       B
    1   2   3   4
3   8   9  10  11
4  12  13  14  15
In [38]: DataFrame_index.loc['b','B']
Out[38]:
    3   4
3  10  11
4  14  15
```

### 3.2.4 重新索引

重新索引是指为原 Pandas 对象重新设定索引，Pandas 使用 reindex() 方法创建新的索引对象。下面分别介绍 Series 类对象和 DataFrame 类对象的重新索引。

**1.Series 类对象的重新索引**

首先构造一个 Series 类对象，如案例 3－24 所示，在 In[5] 调用 reindex() 会根据新索引进行重新排列，得到一个新的对象 Series_obj1。如果某个索引值在原对象中不存在，就会引入缺失值 NaN。

**案例 3－24：** Series 类对象重新索引。

```
In [1]: import pandas as pd
In [2]: import numpy as np
In [3]: Series_obj=pd.Series([1,2,3,4],index=['b','a','c','d'])
In [4]: Series_obj
Out[4]:
b    1
a    2
c    3
d    4
dtype: int64
In [5]: Series_obj1=Series_obj.reindex(['a','b','c','d','e'])
In [6]: Series_obj1
Out[6]:
a    2.0
b    1.0
c    3.0
d    4.0
e    NaN
dtype: float64
```

也可以为不存在的索引值填充其余的值，需要使用参数 fill_value；这里我们填充 0 值，如案例 3－25 所示。

案例 3－25：为不存在的索引重新索引并填充数值。

```
In [7]: Series_obj.reindex(['a','b','c','d','e'],fill_value=0)
Out[7]:
a     2
b     1
c     3
d     4
e     0
dtype: int64
```

也可以对重新索引的有序数据做插值处理。使用参数 method 能够达到目的，如案例 3－26 所示，为不存在的索引前向填充缺失值。Method 缺失值填充方式见表 3－3。

表 3－3　method 缺失值填充方式

| 序号 | 类型 | 功能 |
| --- | --- | --- |
| 1 | None | 默认值，不填充缺失值 |
| 2 | fill 或 pad | 前向填充缺失值 |
| 3 | bfill 或 backfill | 后向填充缺失值 |
| 4 | nearest | 根据最近的值填充缺失值 |

案例 3－26：为不存在的索引前向填充缺失值。

```
In [9]: Series_obj2=pd.Series(['a','b','c'],index=[0,2,4])
In [10]: Series_obj2.reindex(range(6),method='pad')
Out[10]:
0     a
1     a
2     b
3     b
4     c
5     c
dtype: object
```

**2. DataFrame 类对象的重新索引**

对于 DataFrame 类对象，reindex() 可以分别修改行索引或列索引，也可以同时修改行索引和列索引，如案例 3－27 所示。如果传入一个索引，则会重新索引行。

案例 3－27：DataFrame 的重新索引。

```
In [10]: DataFrame_obj=pd.DataFrame(np.arange(9).reshape((3,3)),
   ...:          index=['a','b','d'],
   ...:          columns=['A','C','D']) # 定义一个 DataFame 类对象
In [11]: DataFrame_obj
Out[11]:
   A  C  D
a  0  1  2
b  3  4  5
d  6  7  8
In [12]: DataFrame_obj1=DataFrame_obj.reindex(['a','b','c','d'])
In [13]: DataFrame_obj1                      # 仅对行做了重新索引
Out[13]:
     A    C    D
a  0.0  1.0  2.0
b  3.0  4.0  5.0
c  NaN  NaN  NaN
d  6.0  7.0  8.0
In [10]: DataFrame_obj2=DataFrame_obj.reindex(columns=
   ...:          ['A','B','C','D'])
In [14]: DataFrame_obj2                      # 传入了列索引，仅对列重新索引
Out[14]:
   A   B  C  D
a  0 NaN  1  2
b  3 NaN  4  5
d  6 NaN  7  8
In [15]: DataFrame_obj3=DataFrame_obj.reindex(index=['a','b','c','d'],
   ...:          columns=['A','B','C','D'])
In [16]: DataFrame_obj3                      # 传入行标签和列标签，对行和列均重新索引
Out[16]:
     A   B    C    D
a  0.0 NaN  1.0  2.0
b  3.0 NaN  4.0  5.0
c  NaN NaN  NaN  NaN
d  6.0 NaN  7.0  8.0
In [17]: DataFrame_obj3=DataFrame_obj.reindex(index=['a','b','c','d'],
   ...:          method='pad',columns=['A','B','C','D'])
In [18]: DataFrame_obj3              # 传入行标签和列标签，对行和列均重新索引，并插值
Out[18]:
   A  B  C  D
a  0  0  1  2
b  3  3  4  5
c  3  3  4  5
d  6  6  7  8
```

## 3.3 排序

3.3 排序

Pandas 类对象包括 Series 和 DataFrame 两种，二者的数据结构由索引和数据组合组成。因此，对它们的排序既可以按照索引排序，也可以按照数据排序。

### 3.3.1 索引排序

对 Pandas 来说，排序是一种内置运算，Pandas 使用 sort_index() 方法对索引进行排序，返回一个已经排好序的新对象。

**1. 对 Series 类对象索引排序**

由于 Series 类对象是一维的，所以对 Series 类对象的索引进行排序比较简单。如案例 3－28 所示，建立一个 Series 类对象，使用内置方法 sort_index() 对索引进行排序。

案例 3－28：对 Series 类对象索引排序。

```
In [1]: import pandas as pd
In [2]: import numpy as np
In [3]: Series_obj=pd.Series(range(4),index=['d','a','b','c'])
In [4]: Series_obj.sort_index()
Out[4]:
a    1
b    2
c    3
d    0
dtype: int64
```

**2. 对 Pandas 类对象索引排序**

对于 DataFrame 类对象，可以分别对横轴和纵轴的索引进行排序：当参数 axis=0 时，按行排序；当参数 axis=1 时，按列排序。默认采用升序排列，如果想采用降序排列，可使用参数 ascending=false。DataFrame 类对象的索引排序如案例 3－29 所示。

案例 3－29：对 DataFrame 类对象索引排序。

```
In [6]: DataFrame_obj=pd.DataFrame(np.arange(12).reshape((3,4)),
   ...:                 index=['a','c','b'],columns=['D','B','A','C'])
In [7]: DataFrame_obj
Out[7]:
   D  B   A   C
a  0  1   2   3
c  4  5   6   7
b  8  9  10  11
In [8]: DataFrame_obj.sort_index()
```

```
Out[8]:
   D  B   A   C
a  0  1   2   3
b  8  9  10  11
c 4  5   6   7
In [9]: DataFrame_obj.sort_index(axis=1)
Out[9]:
     A  B   C  D
a    2  1   3  0
c    6  5   7  4
b  10  9  11  8
In [10]: DataFrame_obj.sort_index(axis=1,ascending=False)
Out[10]:
   D   C  B   A
a  0   3  1   2
c  4   7  5   6
b  8  11  9  10
```

### 3.3.2 数据排序

Pandas 提供的按数据排序方法为 sort_values()，它可将 Series 和 DataFrame 类对象按照数据值排序，下面分别介绍。

**1. 对 Series 类对象数据排序**

使用 sort_value() 方法对 Series 类对象按照数据排序，默认采用升序排列，如果想采用降序排列，可使用参数 ascending=False，如案例 3－30 所示。

**案例 3－30**：对 Series 类对象数据排序。

```
In [11]: Series_obj
Out[11]:
d    0
a    1
b    2
c    3
dtype: int64
In [12]: Series_obj.sort_values()
Out[12]:
d    0
a    1
b    2
c    3
dtype: int64
```

```
In [13]: Series_obj.sort_values(ascending=False)
Out[13]:
c    3
b    2
a    1
d    0
dtype: int64
```

#### 2. 对 DataFrame 类对象数据排序

使用 sort_value() 方法对 DataFrame 类对象数据排序，如果按列索引名排序，可以使用 by 引入列索引名，axis=0（可以省略）；如果按行索引名排序，axis=1。如案例 3－31 所示。

案例 3－31：对 DataFrame 类对象数据排序。

```
In [14]: DataFrame_obj=pd.DataFrame(np.random.randn(9).reshape((3,3)),
   ...:              index=['a','b','c'],columns=['A','B','C'])
In [15]: DataFrame_obj
Out[15]:
          A         B         C
a  1.226511  0.080220  0.626939
b -0.715463 -0.050414 -1.054360
c -0.382703  2.042369 -0.704755
In [16]: DataFrame_obj.sort_values(by='B')
Out[16]:
          A         B         C
b -0.715463 -0.050414 -1.054360
a  1.226511  0.080220  0.626939
c -0.382703  2.042369 -0.704755
In [17]: DataFrame_obj.sort_values(by='b',axis=1)
Out[17]:
         B         C         A
a  0.626939  1.226511  0.080220
b -1.054360 -0.715463 -0.050414
c -0.704755 -0.382703  2.042369
```

## 3.4 数据的更新、选取和过滤

3.4 数据的更新、选取和过滤

### 3.4.1 数据更新

要增加或删除任一行或列上一个或多个项，只要给出该行或该列的索引数组或列表即可。Pandas 使用 drop() 方法删除指定轴上的数据，而增加数据使用 reindex() 方法即可。

### 1. 增加与删除 Series 类对象数据

增加与删除 Series 类数据项很简单，如案例 3－32 所示，在 In[18] 删除标签 'b' 列，并创建一个新对象；在 In[20] 删除标签 'c' 和 'd' 两列，在 In[21] 为对象增加一列标签为 'e' 的列，并在 In[22] 为其赋值 5。

案例 3－32：增加与删除 Series 类数据项。

```
In [18]: Series_obj1=Series_obj.drop('b')
In [19]: Series_obj1
Out[19]:
d    0
a    1
c    3
dtype: int64
In [20]: Series_obj.drop(['c','d'])
Out[20]:
a    1
b    2
dtype: int64
In [21]: Series_obj.reindex(['a','b','c','d','e'])
Out[21]:
a    1.0
b    2.0
c    3.0
d    0.0
e    NaN
dtype: float64
In [22]: Series_obj['e']=5
In [23]: Series_obj
Out[23]:
d    0
a    1
b    2
c    3
e    5
dtype: int64
```

### 2. 增加与删除 DataFrame 类对象数据

对于 DataFrame，可以删除任意轴上的索引值：当参数 axis=0 时，删除指定行；当参数 axis=1 时，删除指定列。增加行或列可使用 reindex() 方法，并更新。如案例 3－33 所示。

案例 3－33：增加与删除 DataFrame 类的行或列。

```
In [24]: DataFrame_obj.drop(['a','b'])
Out[24]:
          A         B         C
c -0.382703  2.042369 -0.704755
In [25]: DataFrame_obj.drop(['A','C'],axis=1)
Out[25]:
          B
a  0.080220
b -0.050414
c  2.042369
In [26]: DataFrame_obj.drop('A',axis=1)
Out[26]:
          B         C
a  0.080220  0.626939
b -0.050414 -1.054360
c  2.042369 -0.704755
In [27]: DataFrame_obj2=DataFrame_obj.reindex(index=['a','b','c','d'],
    ...:    ...:          columns=['A','B','C','D'])
In [28]: DataFrame_obj2
Out[28]:
          A         B         C   D
a  1.226511  0.080220  0.626939 NaN
b -0.715463 -0.050414 -1.054360 NaN
c -0.382703  2.042369 -0.704755 NaN
d       NaN       NaN       NaN NaN
In [29]: DataFrame_obj2['D']=9.999999
In [30]: DataFrame_obj2
Out[30]:
          A         B         C         D
a  1.226511  0.080220  0.626939  9.999999
b -0.715463 -0.050414 -1.054360  9.999999
c -0.382703  2.042369 -0.704755  9.999999
d       NaN       NaN       NaN  9.999999
In [31]: DataFrame_obj2.at['d','A':'C']=0
In [32]: DataFrame_obj2
Out[32]:
          A         B         C         D
a  1.226511  0.080220  0.626939  9.999999
b -0.715463 -0.050414 -1.054360  9.999999
c -0.382703  2.042369 -0.704755  9.999999
d  0.000000  0.000000  0.000000  9.999999
In [33]: DataFrame_obj2.at['d','A']=1.111111
```

```
In [34]: DataFrame_obj2
Out[34]:
          A         B         C         D
a  1.226511  0.080220  0.626939  9.999999
b -0.715463 -0.050414 -1.054360  9.999999
c -0.382703  2.042369 -0.704755  9.999999
d  1.111111  0.000000  0.000000  9.999999
```

### 3.4.2 数据选取和过滤

Pandas 对象的选取通常使用前面讲到的 loc[]、iloc[]、at[] 和 iat[]，这里不再举例，仅提供 [] 的几种使用方法，供参考。

**1. Series 对象的选取与过滤**

Series 索引类似于 NumPy 数组的索引，但是 NumPy 的索引只能是整数，而 Series 的索引不限于整数。Series 的选取与过滤如案例 3－34 所示。

案例 3－34：Series 的选取与过滤。

```
In [35]: Series_obj
Out[35]:
d    0
a    1
b    2
c    3
e    5
dtype: int64
In [36]: Series_obj['a']                    # 按标签选取
Out[36]: 1
In [37]: Series_obj[1]                      # 按整数索引选取
Out[37]: 1
In [38]: Series_obj[2:4]                    # 按切片选取
Out[38]:
b    2
c    3
dtype: int64
In [39]: Series_obj[['b','e']]              # 选取指定标签
Out[39]:
b    2
e    5
dtype: int64
In [40]: Series_obj[[2,4]]                  # 选取指定整数索引
Out[40]:
b    2
```

```
e     5
dtype: int64
In [41]: Series_obj[Series_obj<2]     # 过滤满足条件的数据
Out[41]:
d     0
a     1
dtype: int64
In [41]: Series_obj['a':'c']          # 利用标签选取，末端是闭区间的
Out[41]:
a     1
b     2
c     3
dtype: int64
In [42]: Series_obj['a':'c']=9        # 对切片成组赋值
In [43]: Series_obj
Out[43]:
d     0
a     9
b     9
c     9
e     5
dtype: int64
```

### 2. DataFrame 对象的选取与过滤

对 DataFrame 的选取通常是选取一个或多个列，如案例 3 - 35 所示。

案例 3 - 35：DataFrame 的选取与过滤。

```
In [44]: DataFrame_obj2
Out[44]:
          A         B         C         D
a  1.226511  0.080220  0.626939  9.999999
b -0.715463 -0.050414 -1.054360  9.999999
c -0.382703  2.042369 -0.704755  9.999999
d  1.111111  0.000000  0.000000  9.999999
In [45]: DataFrame_obj2['B']                          # 选取一列
Out[45]:
a     0.080220
b    -0.050414
c     2.042369
d     0.000000
Name: B, dtype: float64
In [46]: DataFrame_obj2[['B','D']]                    # 选取两列
```

```
Out[46]:
          B         D
a  0.080220  9.999999
b -0.050414  9.999999
c  2.042369  9.999999
d  0.000000  9.999999
In [47]: DataFrame_obj2[:2]                                    # 切片选取
Out[47]:
          A         B         C         D
a  1.226511  0.080220  0.626939  9.999999
b -0.715463 -0.050414 -1.054360  9.999999
In [48]: DataFrame_obj2[DataFrame_obj2['C']<0]      # 过滤指定列满足条件数据
Out[48]:
          A         B         C         D
b -0.715463 -0.050414 -1.054360  9.999999
c -0.382703  2.042369 -0.704755  9.999999
In [50]: DataFrame_obj2<0                          # 过滤满足条件的数据，结果是逻辑值
Out[50]:
       A      B      C      D
a  False  False  False  False
b   True   True   True  False
c   True  False   True  False
d  False  False  False  False
In [51]: DataFrame_obj2[DataFrame_obj2<0]=10          # 多满足条件的赋值
In [52]: DataFrame_obj2
Out[52]:
           A          B          C         D
a   1.226511   0.080220   0.626939  9.999999
b  10.000000  10.000000  10.000000  9.999999
c  10.000000   2.042369  10.000000  9.999999
d   1.111111   0.000000   0.000000  9.999999
```

## 3.5 算术运算与数据对齐

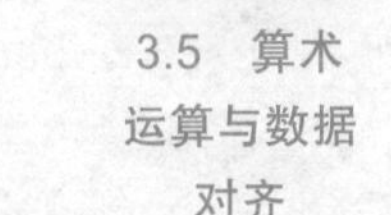
3.5 算术运算与数据对齐

Pandas 执行算术运算时，两个对象会按照索引对齐进行运算，如果存在不同的索引会用 NaN 补齐。下面分别对 Series 和 DataFrame 进行介绍。

### 3.5.1 Series 数据运算与对齐

Series 类对象进行算术运算时是按照行索引对齐的，对齐的位置进行算术运算，如果没有对齐的行则使用 NaN 填充，如案例 3－36 所示，Ser1 比 Ser2 少两行数据，进行

加法运算时，行索引对齐的执行了运算，没对齐的用 NaN 填充。如果不使用 NaN 填充，可使用 add() 方法，且参数 fill_value=0，将使用对象中的数据填充。

案例 3－36：Series 算术运算对齐。

```
In [1]: import pandas as pd
In [2]: import numpy as np
In [3]: Ser1=pd.Series([1,2,3],index=['a','b','e'])
In [4]: Ser2=pd.Series([4,5,6,7,8],index=['a','b','c','d','e'])
In [5]: Ser1
Out[5]:
a    1
b    2
e    3
dtype: int64
In [6]: Ser2
Out[6]:
a    4
b    5
c    6
d    7
e    8
dtype: int64
In [7]: Ser1+Ser2                               # 执行加法运算
Out[7]:
a     5.0
b     7.0
c     NaN
d     NaN
e    11.0
dtype: float64
In [8]: Ser1.add(Ser2,fill_value=0)             # 调用 add() 方法
Out[8]:
a     5.0
b     7.0
c     6.0
d     7.0
e    11.0
dtype: float64
```

### 3.5.2 DataFrame 数据运算与对齐

对于 DataFrame，行和列可同时对齐，执行运算后，其行索引和列索引为原对象的

并集。如案例 3－37 所示，索引对齐的执行了运算，而两个没对齐索引的对象则填充 NaN 对齐。

案例 3－37：DataFrame 算术运算对齐。

```
In [9]: Data1=pd.DataFrame(np.arange(9).reshape((3,3)),
   ...:      columns=list('abc'),index=list('ABC'))
In [10]: Data2=pd.DataFrame(np.arange(16).reshape((4,4)),
   ...:      columns=list('abcd'),index=list('ABCD'))
In [11]: Data1
Out[11]:
   a  b  c
A  0  1  2
B  3  4  5
C  6  7  8
In [12]: Data2
Out[12]:
    a   b   c   d
A   0   1   2   3
B   4   5   6   7
C   8   9  10  11
D  12  13  14  15
In [13]: Data1+Data2
Out[13]:
      a     b     c   d
A   0.0   2.0   4.0 NaN
B   7.0   9.0  11.0 NaN
C  14.0  16.0  18.0 NaN
D   NaN   NaN   NaN NaN
```

### 3.5.3 数值填充

在索引的某个轴标签没对齐时会以 NaN 填充，如果不希望用 NaN 填充，可以找一个特殊值填充，例如 0。为此，可使用 Pandas 提供的几个算术方法，具体见表 3－4。

表 3－4 算术运算方法

| 序号 | 类型 | 功能 |
|---|---|---|
| 1 | add | 加 |
| 2 | sub | 减 |
| 3 | div | 除 |
| 4 | mul | 乘 |

对案例 3－37 所示的加法操作可使用 add() 方法，使用 Data1 的 add() 方法，传入 Data2 以及一个 fill_value 参数，如案例 3－38 所示。另外，对 Series 或 DataFrame 重新索引时，也可以指定一个填充值，如 In[15]。

案例 3－38：数值填充。

```
In [14]: Data1.add(Data2,fill_value=0)
Out[14]:
      a     b     c     d
A   0.0   2.0   4.0   3.0
B   7.0   9.0  11.0   7.0
C  14.0  16.0  18.0  11.0
D  12.0  13.0  14.0  15.0
In [15]: Data1.reindex(columns=Data2.columns,fill_value=0)
Out[15]:
   a  b  c  d
A  0  1  2  0
B  3  4  5  0
C  6  7  8  0
```

### 3.5.4　DataFrame 与 Series 之间的运算

DataFrame 与 Series 之间的运算是指 DataFrame 的每一行都要与 Series 做一次运算，这个过程称为广播。若某个索引值没有匹配，则参与运算的两个对象会重新索引形成并集，数据以 NaN 填充。如案例 3－39 所示，在 In[17]，Ser2 的每一行减去 Data1 的每一行，没有匹配的索引结果设为 NaN；在 In[20] 调用算术运算方法，设轴参数 axis=0，按列运算。

案例 3－39：对象混合运算。

```
In [15]: Data1
Out[15]:
   a  b  c
A  0  1  2
B  3  4  5
C  6  7  8
In [16]: Ser2
Out[16]:
a     4
b     5
c     6
d     7
```

```
e    8
dtype: int64
In [17]: Ser2-Data1                          # 按行运算，无匹配设默认值 NaN
Out[17]:
   a  b  c   d   e
A  4  4  4 NaN NaN
B  1  1  1 NaN NaN
C -2 -2 -2 NaN NaN
In [18]: Data2
Out[18]:
    a   b   c   d
A   0   1   2   3
B   4   5   6   7
C   8   9  10  11
D  12  13  14  15
In [19]: Ser=Data2['a']
In [20]: Data2.sub(Ser,axis=0)          # 按列运算
Out[20]:
   a  b  c  d
A  0  1  2  3
B  0  1  2  3
C  0  1  2  3
D  0  1  2  3
```

## 3.6 统计计算与描述

3.6 统计计算与描述

Pandas 对象拥有常用的数学和统计方法，用来处理 Series 和 Pandas 的数据。本节将介绍针对这两个对象的统计计算与描述。

### 3.6.1 常用统计计算

Pandas 提供了描述性统计分析的指标方法，如求和、平均值、最大值等，常用统计与描述方法见表 3 - 5。

表 3 - 5 常用统计与描述方法

| 序号 | 类型 | 功能 |
|---|---|---|
| 1 | argmin、argmax | 计算能够获取到最小值和最大值的索引位置 |
| 2 | count | 计算非 NaN 值的个数 |
| 3 | cummin、cummax | 计算样本值累积最大值和累积最小值 |
| 4 | cumprod | 计算样本值累积积 |

续表

| 序号 | 类型 | 功能 |
|---|---|---|
| 5 | cumsum | 计算样本值累积和 |
| 6 | describe | 针对 Series 和 DataFrame 列计算汇总统计 |
| 7 | diff | 计算一阶差分 |
| 8 | head | 获取前 $n$ 个值 |
| 9 | idxmax、idxmin | 获取最大和最小索引值 |
| 10 | kurt | 计算样本值的峰值 |
| 11 | mad | 根据平均值计算平均绝对离差 |
| 12 | max、min | 计算最大值和最小值 |
| 13 | mean | 计算平均值 |
| 14 | median | 计算中位数 |
| 15 | pct_change | 计算百分数变化 |
| 16 | skew | 计算样本值偏离度 |
| 17 | std | 计算样本值标准差 |
| 18 | var | 计算样本值方差 |

表 3－5 用于从 Series 中得到一个值，如最值；而从 DataFrame 的行或列提取一个 Series。这些方法是基于没有缺失数据而构建的。如案例 3－40 所示，创建 DataFrame，求每列与每行的和。

案例 3－40：求每行与每列的和。

```
In [22]: df=pd.DataFrame([[1,np.nan],[2,3],[np.nan,np.nan],[5,6]],
    ...:                 index=['a','b','c','d'],
    ...:                 columns=['A','B'])
In [23]: df
Out[23]:
     A    B
a  1.0  NaN
b  2.0  3.0
c  NaN  NaN
d  5.0  6.0
In [24]: df.sum()               # 求每列的和
Out[24]:
A    8.0
B    9.0
dtype: float64
In [25]: df.sum(axis=1)         # 求每行的和
```

```
Out[25]:
a      1.0
b      5.0
c      0.0
d     11.0
dtype: float64
```

### 3.6.2 统计描述

Pandas 提供的 describe() 用于一次性产生多个汇总统计，如案例 3－41 所示，输出多个结果，其中 25%、50% 和 75% 分别表示分位数。

案例 3－41：统计描述。

```
In [26]: df.describe()
Out[26]:
              A         B
count  3.000000  2.00000
mean   2.666667  4.50000
std    2.081666  2.12132
min    1.000000  3.00000
25%    1.500000  3.75000
50%    2.000000  4.50000
75%    3.500000  5.25000
max    5.000000  6.00000
```

### 3.6.3 相关系数与协方差

相关系数和协方差是通过参数对计算出来的，Pandas 提供了 cov() 和 corr() 两个方法分别求方差和相关系数，对 DataFrame 来说，二者将返回完整的协方差和相关系数矩阵。如案例 3－42 所示，In[31] 用于求相关系数，In[32] 用于求协方差；在 In[33] 计算 DataFrame 与自身的 'A' 列的相关系数，采用了方法 corrwith()。除此之外，corrwith() 还可以接受 Series 作为参数。

案例 3－42：求相关系数和协方差。

```
In[29]: DataFrame_obj1=pd.DataFrame(np.random.randn(16).reshape((4,4)),
...:             index=['a','b','c','d'],columns=['A','B','C','D'])
In [30]: DataFrame_obj1
Out[30]:
          A         B         C         D
a -0.878636  0.772223 -0.844457 -0.001408
b  0.388855  0.101047 -0.893440 -1.063440
```

```
c  2.424670 -0.188705  0.052451 -1.166799
d  1.581999  0.524544 -1.968215 -0.566388
In [31]: DataFrame_obj1.corr()              # 计算相关系数
Out[31]:
          A         B         C         D
A  1.000000 -0.718314  0.173810 -0.727390
B -0.718314  1.000000 -0.639512  0.960855
C  0.173810 -0.639512  1.000000 -0.415825
D -0.727390  0.960855 -0.415825  1.000000
In [32]: DataFrame_obj1.cov()               # 计算协方差
Out[32]:
          A         B         C         D
A  2.070943 -0.443335  0.206798 -0.559107
B -0.443335  0.183936 -0.226761  0.220108
C  0.206798 -0.226761  0.683552 -0.183628
D -0.559107  0.220108 -0.183628  0.285291
In [33]: DataFrame_obj1.corrwith(DataFrame_obj1['A'])
Out[33]:
A    1.000000
B   -0.718314
C    0.173810
D   -0.727390
dtype: float64
```

## 3.7 案例——某高校录取分数线统计分析

3.7 案例——某高校录取分数线统计分析

为了使读者更好地掌握和运用 Pandas，本节通过一个具体的案例带领大家用所学知识读取并分析数据。

案例的需求是分析出一本文理科与二本文理科的最高录取分数线和最低录取分数线分别是多少；求 2015—2021 年这 7 年每项分数线的平均值。

明确了需求之后，首先要准备好数据，将某高校 2015—2021 年的录取分数线信息整理到 grade.xlsx 表中，如图 3 - 3 所示。

|  | A | B | C | D | E |
|---|---|---|---|---|---|
| 1 |  | 一本分数线 |  | 二本分数线 |  |
| 2 |  | 文科 | 理科 | 文科 | 理科 |
| 3 | 2015 | 495 | 483 | 418 | 371 |
| 4 | 2016 | 481 | 486 | 443 | 424 |
| 5 | 2017 | 481 | 455 | 442 | 386 |
| 6 | 2018 | 472 | 476 | 460 | 410 |
| 7 | 2019 | 501 | 478 | 475 | 430 |
| 8 | 2020 | 464 | 435 | 456 | 354 |
| 9 | 2021 | 473 | 418 | 431 | 351 |

图 3 - 3　录取分数线信息

用 Pandas 提供的 read_excel() 函数将 grade.xlsx 表中的数据转换成 DataFrame 对象，代码如下：

```
In [1]: import pandas as pd
In [2]: df_obj=pd.read_excel('E:/ 数据分析 /grade.xlsx',header=[0,1])
In [3]: df_obj
Out[3]:
  Unnamed: 0_level_0   一本分数线   二本分数线
  Unnamed: 0_level_1   文科  理科   文科  理科
0                2015   495  483   418  371
1                2016   481  486   443  424
2                2017   481  455   442  386
3                2018   472  476   460  410
4                2019   501  478   475  430
5                2020   464  435   456  354
6                2021   473  418   431  351
```

如果它的行索引顺序是错乱的，可以通过 sort_index() 方法让 DataFrame 对象按照由大到小的顺序重新排列，代码如下：

```
In [4]: sorted_obj=df_obj.sort_index(ascending=False)
In [5]: sorted_obj
Out[5]:
  Unnamed: 0_level_0   一本分数线   二本分数线
  Unnamed: 0_level_1   文科  理科   文科  理科
6                2021   473  418   431  351
5                2020   464  435   456  354
4                2019   501  478   475  430
3                2018   472  476   460  410
2                2017   481  455   442  386
1                2016   481  486   443  424
0                2015   495  483   418  371
```

下面来完成本案例提出的需求，具体操作如下：

（1）分别用 max() 和 min() 函数获取 2015—2021 年一本、二本的文科和理科的最高和最低的分数线，代码如下：

```
In [6]: sorted_obj.max()
Out[6]:
Unnamed: 0_level_0  Unnamed: 0_level_1 2021
一本分数线          文科                 501
                    理科                 486
```

```
二本分数线          文科                      475
                    理科                      430
dtype: int64
In [7]: sorted_obj.min()
Out[7]:
Unnamed: 0_level_0  Unnamed: 0_level_1 2015
一本分数线          文科                      464
                    理科                      418
二本分数线          文科                      418
                    理科                      351
dtype: int64
```

（2）使用 mean() 函数或 describe() 函数计算 2015—2021 年各项的平均分数线，这里使用 describe() 函数，代码如下：

```
In [8]: sorted_obj.describe()
Out[8]:
 Unnamed: 0_level_0          一本分数线                  二本分数线
 Unnamed: 0_level_1      文科          理科          文科          理科
count    7.000000     7.000000    7.000000    7.000000    7.000000
mean     2018.000000  481.000000  461.571429  446.428571  389.428571
std      2.160247     13.102163   26.399856   19.016284   32.526180
min      2015.000000  464.000000  418.000000  418.000000  351.000000
25%      2016.500000  472.500000  445.000000  436.500000  362.500000
50%      2018.000000  481.000000  476.000000  443.000000  386.000000
75%      2019.500000  488.000000  480.500000  458.000000  417.000000
max      2021.000000  501.000000  486.000000  475.000000  430.000000
```

## 单元小结

本单元介绍了 Pandas 的基础知识，主要包括 Pandas 常用的数据结构、算术运算、索引操作、统计描述等，为后续深入学习奠定基础。

## 技能检测

### 一、填空题

1. Pandas 的 DataFrame 数据结构是一种带标签的（　　）对象。
2. Pandas 的 Series 数据结构是由不同类型的元素组成的（　　）数组。
3. Pandas 中的索引都是（　　）类对象，又称为索引对象，该对象是不可以修改的。
4. MultiIndex 是层次化索引，表示单个轴上的（　　）索引。
5. Pandas 中的方法 reindex() 是对原索引和新索引进行匹配，新索引含有原索引的数据，而与原索引数据按照（　　）排序。

6. 获取 Series 数据既可以通过索引（　　）获取，也可以使用索引（　　）获取。

7. Pandas 执行算术运算时会按照索引进行对齐，对齐后再进行相应运算，没有对齐的位置用（　　）进行补齐。

8. Pandas 按索引排序时使用的是（　　）方法，该方法可以用行索引或列索引排序。

9. Pandas 中用来按值排序的方法为（　　）。

10. 层次化索引可以理解为（　　）的延伸，即在一个轴方向上具有多层索引。

二、选择题

1. Series 是一个类似于一维数组的对象，它能够保存（　　）数据类型。

A. 浮点型　　B. 字符串　　C. 整型

2. DataFrame 类对象的行索引和列索引都是自动从（　　）开始的。

A. 0　　B. 1　　C. 0 和 1 都可以

3. 下列对象中，属于一维结构的是（　　）。

A. Numpy　　B. Series　　C. Pandas　　D. 以上都是

4. 执行 ser=pd.Series([1,2,3,4,5],index=['a','b','c','d','e']) 语句之后，ser[2] 获取的数据是（　　）。

A. 1　　B. 2　　C. 3　　D. 4

5. DataFrame 中每一列的数据都是一个 Series 对象，可以通过（　　）获取。

A. 行索引　　B. 列索引

C. 行索引和列索引都可以　　D. 行索引和列索引都不可以

6. 对 DataFrame 进行排序时要注意轴的方向，如果按列排序，应指定（　　）。

A. axis=0　　B. axis=1　　C. inplace=0　　D. inplace=1

7. 下列统计方法中，能够对 Series 和 DataFrame 列计算汇总统计的是（　　）。

A. sum　　B. Mean　　C. Std　　D. describe

8. 关于层次化索引的常用操作包括（　　）。

A. 选取子集　　B. 交换分层顺序　　C. 排序分层

9. 能够获取 DataFrame 元素个数的属性是（　　）。

A. size　　B. ndim　　C. shape　　D. 以上都不对

10. DataFrame 的访问方式中，（　　）接收的必须是行索引和列索引位置。

A. loc　　B. iloc　　C. []

三、判断题

1. Pandas 中有两个主要的数据结构：Series 和 DataFrame。（　　）

2. Series 主要由一组数据和与之相关的索引组成。（　　）

3. Series 的 index 可以不唯一。（　　）

4. DataFrame 的结构是由索引和数据组成的，它不仅有行索引，还有列索引。（　　）

5. DataFrame 的索引不会自动创建，必须指定索引名。（　　）

6. Pandas 的索引是 index 类，该类对象不可改变。（　　）

7. Series 的索引必须是整数。（　　）

8. DataFrame 的结构既包含行索引也包含列索引。（　　）

9. Series 与 DataFrame 之间不能参加运算。（　　）

10. Series 对象调用 sort_values() 方法按值排序时，所有缺失值都会默认放在末尾。（　　）

## 四、实践题

1. 使用字典 {11:100,12:200,13:300,14:400} 创建一个 Series 对象。

2. 创建一个 DataFrame 对象，要求行索引为 a,b,c,d;，列索引为 A,B,C,D;，数据从 0 到 15。

3. 创建一个 Series，其数据值是从 10 到 19 的整数，再创建一个 DataFrame，其数据值是从 1 到 40 的整数，对 DataFrame 与 Series 进行加减乘除运算。

4. 创建一个层次化索引 Series，一层索引是 a,b,c,d，二层索引是 1,2,3,4，数据是随机数。

# 单元 4

# 文件格式与读写

## 单元导读

进行数据分析时，常常先将待分析的数据存储到本地，再从本地读取数据文件。Pandas 可以读取 CSV、TXT、Excel、JSON 和 HTML 表格的数据，还可以读取第三方支持的 Word 和 PDF 文件。

本单元主要介绍各种文件的读取方法，为后续进行数据分析做好准备。

## 学习重点

1. 读取文本格式文件。
2. 存储文本格式文件。
3. 文件分隔符。
4. 读写 JSON 数据。
5. XML 和 HTML 信息读写。
6. 读写二进制数据。
7. 读写数据库文件。

## 素养提升

通过对文件的操作，了解文件的重要性，认识到对文件的错误操作将可能导致重要数据的损坏，培养一丝不苟的工作态度。

4.1 读取文本文件

## 4.1 读取文本文件

文本文件包括 CSV（Comma-Separated Values，逗号分隔符值）和

TXT（纯文本格式的文件）。CSV 文件是以逗号或制表符分隔的文本文件，以 .csv 为扩展名；TXT 文件可通过记事本编辑或查看，以 .txt 为扩展名。Pandas 提供了读取这两种文件的函数，既能读取文件又可将其转换成 DataFrame 对象。

### 4.1.1 读取 CSV 文件

Pandas 提供了用于将表格型数据读取为 DataFrame 对象的方法，见表 4－1，其中最常用的是 read_csv() 和 read_table()。

表 4－1 Pandas 读取文件的方法

| 序号 | 类型 | 功能 |
|---|---|---|
| 1 | read_csv | 从文件、URL、文件型对象读取带分隔符的数据，默认分隔符为逗号 |
| 2 | read_table | 从文件、URL、文件型对象读取带分隔符的数据，默认分隔符为制表符 |
| 3 | read_fwf | 读取固定格式列宽的数据，无分隔符 |
| 4 | read_clipboard | 读取剪切板中的数据 |

#### 1. 读取有标题行的 CSV 文档

创建一个 Excel 文档并输入内容，保存为 .csv 格式。.csv 文件是以逗号为分隔符的文件。使用！ type CSV_file.csv 查看内容，如果是 linux，使用！ cat CSV_file.csv 查看。如案例 4－1 所示，文件以逗号分隔，使用 read_csv() 读取一个 DataFrame，在 In[3] 读取文件，但在 Out[4] 显示乱码。这是因为 read_csv() 的参数 encoding() 没有设定，如果要显示汉字则设置 encoding='gbk'，如命令行 In[5]。也可以使用 read_table()，但需要指定分隔符，如命令行 In[7]。

案例 4－1：读取 CSV 文件。

```
In [1]: import pandas as pd
In [2]: !type CSV_file.csv
姓　名，手机号
王　慧，18845218888
祝　蕾，18945209999
尹金慧，18645217777
孙雪莲，18945200000
In [3]: data=pd.read_csv('CSV_file.csv')
In [4]: data
In [5]: data=pd.read_csv('CSV_file.csv',encoding='gbk')
In [6]: data
Out[6]:
    姓　名          手机号
0   王　慧   18845218888
```

```
1  祝  蕾   18945209999
2  尹金慧   18645217777
3  孙雪莲   18945200000
In [7]: data=pd.read_table('CSV_file.csv',sep=',',encoding='gbk')
In [8]: data
Out[8]:
   姓  名        手机号
0  王  慧   18845218888
1  祝  蕾   18945209999
2  尹金慧   18645217777
3  孙雪莲   18945200000
```

**2. 读取无标题行的 CSV 文档**

再创建一个无标题行的 Excel 文档，如案例 4－2 所示，命令行 In[9] 用于浏览文档内容；命令行 In[10] 使用参数 header=None，表示允许 Pandas 为其分配默认列名；命令行 In[11] 使用自定义列名；命令行 In[12] 通过指定参数 index_col 指定行索引为 'F' 列。

**案例 4－2：** 读取无标题行 CSV 文件。

```
In [9]: !type CSV_file2.csv
1,2,3,4,5,a
2,3,4,5,6,b
3,4,5,6,7,c
4,5,6,7,8,d
In [10]: pd.read_csv('CSV_file2.csv',header=None)
Out[10]:
   0  1  2  3  4  5
0  1  2  3  4  5  a
1  2  3  4  5  6  b
2  3  4  5  6  7  c
3  4  5  6  7  8  d
In [41]: pd.read_csv('CSV_file2.csv',names=['A','B','C','D','E','F'])
Out[41]:
   A  B  C  D  E  F
0  1  2  3  4  5  a
1  2  3  4  5  6  b
2  3  4  5  6  7  c
3  4  5  6  7  8  d
In [12]: pd.read_csv('CSV_file2.csv',names=['A','B','C','D','E','F'],
...:      index_col='F')
Out[12]:
   A  B  C  D  E
```

```
F
a  1  2  3  4  5
b  2  3  4  5  6
c  3  4  5  6  7
d  4  5  6  7  8
```

### 3. 读取多列成层次化索引

将多个列做成一个层次化索引，只需传入列编号或列名组成的列表即可。先创建一个文件，文件内容如案例 4-3 的命令行 In[13] 所示，再使用命令行 In[14] 将文件读取为 DataFrame，然后设置参数 index_col，fields7 为第一层次索引，fields6 为第二层次索引。

案例 4-3：读取 CSV 文件成多层次索引。

```
In [13]: !type CSV_file3.csv
fields1,fields2,fields3,fields4,fields5,fields6,fields7
1,2,3,4,5,a,A
2,3,4,5,6,b,A
3,4,5,6,7,c,A
4,5,6,7,8,d,A
1,2,3,4,5,a,B
2,3,4,5,6,b,B
3,4,5,6,7,c,B
4,5,6,7,8,d,B
In [14]: pd.read_csv('CSV_file3.csv',index_col=['fields7','fields6'])
Out[14]:
                 fields1  fields2  fields3  fields4  fields5
fields7 fields6
A       a              1        2        3        4        5
        b              2        3        4        5        6
        c              3        4        5        6        7
        d              4        5        6        7        8
B       a              1        2        3        4        5
        b              2        3        4        5        6
        c              3        4        5        6        7
        d              4        5        6        7        8
```

### 4.1.2 读取 TXT 文件

创建一个 .txt 文件，输入一段如图 4-1 所示的文字并保存为 txt_file，文件中每行各句采用逗号分隔或空格都可以。使用 read_csv() 读取，并指定编码格式为 utf8，将 TXT 文件读取并转换为 DataFrame，如案例 4-4 所示，可以看出文件的第一行转换为 DataFrame 的列索引。

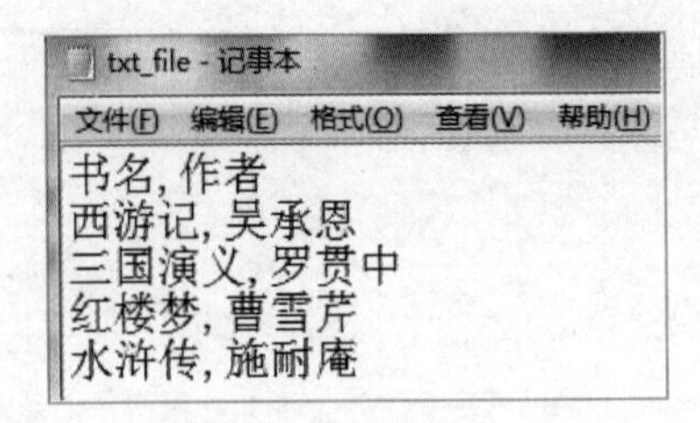


图 4－1　TXT 文件

案例 4－4：读取 TXT 文件。

```
In [15]: text=pd.read_csv('txt_file.txt',encoding='utf8')
In [16]: text
Out[16]:
   书名      作者
0  西游记    吴承恩
1  三国演义  罗贯中
2  红楼梦    曹雪芹
3  水浒传    施耐庵
```

## 4.2 读写 Excel 文件

4.2 读写 Excel 文件

Excel 文件是一种常见的以二维表格存储数据的文件，进行分析统计时需要经常读取该类文件。Pandas 提供了读写 .xlsx 类文件的方法，下面具体介绍。

### 4.2.1 读取 Excel

Pandas 使用 read_excel() 读取 Excel 文件中的工作表的数据，并转换成 DataFrame 类对象。使用 read_excel() 读取 Excel 文件时，若出现异常，可安装依赖库 xlrd，再输入命令 pip install xlrd 解决。read_excel() 函数的参数见表 4－2。

表 4－2　read_excel() 函数的参数

| 序号 | 类型 | 功能 |
| --- | --- | --- |
| 1 | io | 文件路径 |
| 2 | sheet_name | 将读取的工作表，可取 str、int、list 或 None，默认为 0 |
| 3 | header | 指定文件中哪一行数据作为 DataFrame 对象的列索引 |
| 4 | names | 表示 DataFrame 对象列索引列表 |
| 5 | index_col | 将 Excel 文件的列标题作为 DataFrame 对象的行索引 |

假设当前目录下有一个命名为 locdata.xlsx 的文件，该 Excel 有一个 Sheet 命名为

“locdata”，可使用 read_excel() 将其读出，并转换成 DataFrame，如案例 4-5 所示。如果 locdata.xlsx 包含多个工作表，各工作表依次是 sheet1、sheet2、sheet3 等，读取各工作表时，可令参数 sheet_name=0，表示读取的是第一个工作表；sheet_name=1，表示读取的是第二个工作表；以此类推。如果工作表已经命名，则可使用命令行 In[18] 的形式直接读取工作表名。

案例 4-5：读取 Excel 文件。

```
In [17]: import pandas as pd
In [18]: excel_data = pd.read_excel('locdata.xlsx', sheet_name='locdata')
In [19]: print(excel_data.head(5))
```

### 4.2.2 写入 Excel

使用 to_excel() 方法将 DataFrame 对象写入 Excel 工作表，其参数见表 4-3。具体方法如案例 4-6 所示，先创建一个 DataFrame，然后使用 to_excel() 方法写入 Excel 工作表 locdata1.xlsx。如果文件存在将覆盖该文件，如果文件不存在将新建一个文件。

表 4-3　to_excel() 函数的参数

| 序号 | 类型 | 功能 |
|---|---|---|
| 1 | excel_writer | 文件路径 |
| 2 | sheet_name | 将读取的工作表，可取 str、int、list 或 None，默认为 0 |
| 3 | na_rep | 表示缺失数据 |
| 4 | index | 表示 DataFrame 对象是否写行索引 |

案例 4-6：写入 Excel 文件。

```
In [20]: df=pd.DataFrame({'A1':[100,200,300],'A2':[400,500,600]})
In [21]: df.to_excel('locdata1.xlsx', sheet_name='locdata1')
In [22]: print(excel_data.head(5))
```

## 4.3 读取 JSON 文件

4.3　读取 JSON 文件

JSON 是 JavaScript Object Notation 的简写，这种文件的格式数据会按照 JavaScript 表示法的要求进行加工。这种表示法类似 Python 的列表和字典的语法，利用 JSON，通过组合列表和字典，可以定义任意复杂的数据。JSON 采用独立于编程语言的文本格式来存储数据，文件扩展名为 json。

如案例 4-7 所示，先导入 json 库，在命令行 In [24] 定义一个类似于字典的串；命令行 In[25] 使用 loads() 加载转换成 json 串，这样就可以通过索引获取数据值，如命令行 In[27]；命令行 In[28] 定义了另一种类似于字典的长字符串，经过 loads() 加载转换成 json 串，以便进一步处理；使用 read_json() 将 j_str 转换为 Series，如命令行 In[28]；命令行 In[30] 可以对该 Series 各项数据修改新值，也可以使用 to_json() 将 Series 转换为 json 串，如命令行 In[32]；如果有 json 文件，可使用 read_json() 函数读取成 DataFrame，如命令行 [33]。需要事先准备一个 json 文件供读取，文件内容如图 4－2 所示，使用 read_json() 读取 demo.json 文件数据，并指定读取文件时的编码格式为 utf8。

```
demo.json - 记事本
文件(F)  编辑(E)  格式(O)  查看(V)  帮助(H)
{
  "hobbies": [
    "hiking",
    "swimming"
  ],
  "sex": "male",
  "name": "John",
  "is_student": true,
  "age": 22
}
```

图 4－2　demo.json 文件

案例 4－7：JSON 字符串。

```
In [23]: import json                                  # 导入 json
In [24]: j_str='{"A":"a","B":"b","C":"c"}'            # 定义一个类似于字典的串
In [25]: data=json.loads(j_str)                       # 加载 JSON 串
In [26]: data
Out[26]: {'A': 'a', 'B': 'b', 'C': 'c'}
In [27]: data["C"]                                    # 获取数据
Out[27]: 'c'
In [28]: ser=pd.read_json(j_str,typ='series')         # 读取 j_str 转换为 series
In [29]: ser
Out[29]:
A    a
B    b
C    c
dtype: object
In [30]: ser["C"]="d"
In [31]: ser
Out[31]:
A    a
B    b
C    d
dtype: object
In [32]: ser.to_json()                                # 将 series 转换为 JSON 格式
Out[32]: '{"A":"a","B":"b","C":"d"}'
In [33]: json_data = pd.read_json('demo.json', encoding='utf8')
    ...: print(json_data)
    hobbies   sex  name  is_student  age
0    hiking  male  John        True   22
1  swimming  male  John        True   22
```

## 4.4 读取 HTML

4.4 读取 HTML

对网页上数据读取，Pandas 提供了 read_html() 函数用于读取网页上数据，如 HTML 表格数据，其参数见表 4－4。

表 4－4 read_html() 函数的参数

| 序号 | 类型 | 功能 |
| --- | --- | --- |
| 1 | io | URL 路径 |
| 2 | match | 返回与正则表达式或字符串匹配的文本 |
| 3 | flavor | 表示使用的解析引擎 |
| 4 | index_col | 将网页表格的列标题作为 DataFrame 对象的行索引 |
| 5 | encoding | 解析网页的编码 |
| 6 | na_values | 自定义缺省值 |

read_html() 只能读取网页中的表格数据，该函数会得到一个包含网页所有表格数据的列表，通过索引即可获取相应位置的表格数据。案例 4－8 所示的命令行 [36] 使用 requests.get() 获取指定网页数据；命令行 [37] 使用 read_html() 读取该网页表格数据。

案例 4－8：读取 HTML 表格数据。

```
In [34]: import requests
In [35]: import pandas as pd
In [36]: data = requests.get('https://www.tiobe.com/tiobe-index/')
In [37]: table_data = pd.read_html(html_data.content,encoding='utf8')
In [38]: print(html_table_data[3].head(5))
```

## 4.5 读取数据库

4.5 读取数据库

若要使用 Pandas 读取数据库，则要安装相应的数据库环境，并使用 pip install 安装相应模块，如使用 pip install PyMySQL 安装 PyMySQL 模块。Pandas 提供的用于读取数据库的函数有 read_sql_table()、read_sql_query() 和 read_sql()，函数及说明见表 4－5。

表 4－5 读取数据库的函数及说明

| 序号 | 类型 | 功能 |
| --- | --- | --- |
| 1 | read_sql_table() | 通过数据表名读取数据库中的数据，返回 DataFrame 对象 |
| 2 | read_sql_query() | 通过 SQL 语句读取数据库中的数据，返回 DataFrame 对象 |
| 3 | read_sql() | 数据库表名和 SQL 语句都可以读取数据 |

案例 4－9 使用 read_sql() 读取数据库 demo 中的数据表 STUDENT 信息。

**案例 4－9：读取数据库数据。**

```
In [39]:import pandas as pd
In [40]:from sqlalchemy import create_engine
In [41]:engine = create_engine('sqlite:///demo.db')
In [42]:data = pd.read_sql('STUDENT', engine)
In [43]:print(data)
```

## 单元小结

本单元介绍了 Pandas 获取 CSV 文件、TXT 文件、Excel 文件、JSON 文件、HTML 表格及数据库数据表的方法。

## 技能检测

**一、填空题**

1. 读取 TXT 文件使用的函数是（　　）。
2. 读取 CSV 文件使用的函数是（　　）。
3. 当 Python 环境不具备读取 Excel 文件的条件时，需要手动安装依赖库（　　）。
4. 读取 JSON 文件使用的函数是（　　）。
5. 读取 HTML 文件使用的函数是（　　）。

**二、选择题**

1. 使用 read_csv() 时，（　　）参数用于指定分隔符。

A. sep　　B. names　　C. encoding　　D. header

2. 用于读取 Excel 文件的函数是（　　）。

A. read_csv()　　B. eead_excel()　　C. read_json()　　D. read_html()

3. 读取数据库数据的函数是（　　）。

A. read_sql_table()　　B. read_sql_query()

C. read_sql()

**三、实践题**

通过 Excel 制作一个学生成绩表格，然后完成对表格数据的读写。

单元 5

# 数据规整化

## 单元导读

Pandas 和 Python 程序库提供了一些高效灵活的核心算法，这些算法能够对数据进行分析预处理，将数据规整化，提高数据质量。本单元将介绍数据清理、转化、合并和重塑等知识。

## 学习重点

1. 合并数据集。
2. 索引与合并。
3. 轴向连接。
4. 合并重叠数据。
5. 重塑层次化索引。
6. 移除重复数据。
7. 数据转换。
8. 替换数据。
9. 离散化和面元划分。

## 素养提升

在对数据进行规整化的过程中，感受规整化之后的数据为人们的生产生活带来的方便，努力成为具有社会责任感和社会参与意识的高素质技能型人才。

## 5.1 合并数据集

5.1 合并数据集

Pandas 用于合并数据的函数包括：merge()、concat() 和 combine_first()。其中，merge() 可根据一个或多个键将不同的 DataFrame 的行连接起来；concat() 能够沿着一个轴将多个对象连接起来；combine_first() 能够将重复数据组合在一起。

### 5.1.1 主键合并

主键合并是指使用 merge() 函数将不同数据集的行通过一个或多个键值连接起来。实质上，merge() 函数是一种数据库风格的 DataFrame 合并。

#### 1. 多对一合并

这种合并比较简单，如案例 5－1 所示，DF1 和 DF2 具有相同的列名 key，DF1 的 key 列有 3 个 a 行和 2 个 b 行，分别对应 DF2 的 key 列的 1 个 a 行和 1 个 b 行。命令行 In[6] 没有指定连接的列名，merge() 将重叠列名当作键处理。也可以指定连接的列，如命令行 In[7]，使用参数 on='key'。结果中没有出现 c 行和 d 行，这是因为 merge() 做的是“inner”连接，结果取键的交集。

案例 5－1：多对一合并。

```
In [1]: import pandas as pd
In [2]: import numpy as np
In [3]: DF1=pd.DataFrame({'key':['a','a','c','b','a','c','b','c'],
   ...:                'data1':range(8)})
In [3]: DF2=pd.DataFrame({'key':['a','b','d'],'data2':range(3)})
In [4]: DF1
Out[4]:
  key  data1
0   a      0
1   a      1
2   c      2
3   b      3
4   a      4
5   c      5
6   b      6
7   c      7
In [5]: DF2
Out[5]:
  key  data2
0   a      0
1   b      1
```

```
2   d      2
In [6]: pd.merge(DF1,DF2)
Out[6]:
  key  data1  data2
0   a      0      0
1   a      1      0
2   a      4      0
3   b      3      1
4   b      6      1
In [7]: pd.merge(DF1,DF2,on='key')
Out[7]:
  key  data1  data2
0   a      0      0
1   a      1      0
2   a      4      0
3   b      3      1
4   b      6      1
```

如果两个对象具有不同的列名，可以使用参数 left_on 指定左侧 DataFrame 中用作连接键的列，使用参数 right_on 指定右侧 DataFrame 中用作连接键的列。如案例 5 - 2 所示，将 DF1 和 DF2 的 key 分别改为 left_key 和 right_key，通过命令行 In[10] 合并不同对象的不同列名。

案例 5 - 2：列名不同的合并。

```
In [8]: DF3=pd.DataFrame({'left_key':['a','a','c','b','a','c','b','c'],
   ...:              'data1':range(8)})
In [9]: DF4=pd.DataFrame({'right_key':['a','b','d'],'data2':range(3)})
In [10]: pd.merge(DF3,DF4,left_on='left_key',right_on='right_key')
Out[10]:
  left_key  data1 right_key  data2
0        a      0         a      0
1        a      1         a      0
2        a      4         a      0
3        b      3         b      1
4        b      6         b      1
```

也可以使用参数 outer 指定外连接，结果是键的并集，即左连接和右连接的组合，如案例 5 - 3 所示。

案例 5 - 3：外连接合并。

```
In [9]: pd.merge(DF1,DF2,on='key',how='outer')
Out[9]:
```

```
   key  data1  data2
0    a    0.0    0.0
1    a    1.0    0.0
2    a    4.0    0.0
3    c    2.0    NaN
4    c    5.0    NaN
5    c    7.0    NaN
6    b    3.0    1.0
7    b    6.0    1.0
8    d    NaN    2.0
In[10]: pd.merge(DF3,DF4,left_on='left_key',right_on='right_key',
   ...:               how='outer')
Out[10]:
   left_key  data1 right_key  data2
0         a    0.0         a    0.0
1         a    1.0         a    0.0
2         a    4.0         a    0.0
3         c    2.0       NaN    NaN
4         c    5.0       NaN    NaN
5         c    7.0       NaN    NaN
6         b    3.0         b    1.0
7         b    6.0         b    1.0
8       NaN    NaN         d    2.0
```

**2. 多对多合并**

多对多连接产生的是行笛卡尔积，连接方式只影响出现在结果中的键。如案例 5－3 所示，由于左边 DF5 有 3 个 a 行和 2 个 b 行，右边 DF6 有 2 个 a 行和 2 个 b 行，合并结果将产生 6 个 a 行和 4 个 b 行。

**案例 5－4**：多对多合并。

```
In[11]: DF5=pd.DataFrame({'left_key':['a','a','c','b','a','c','b','c'],
   ...:               'data1':range(8)})
In [12]: DF5
Out[12]:
   left_key  data1
0         a      0
1         a      1
2         c      2
3         b      3
4         a      4
5         c      5
6         b      6
```

```
7         c       7
In [13]: DF6=pd.DataFrame({'right_key':['a','b','d','b','a'],
   ...:                 'data2':range(5)})
In [14]: DF6
Out[14]:
  right_key  data2
0         a      0
1         b      1
2         d      2
3         b      3
4         a      4
In [15]: pd.merge(DF5,DF6,left_on='left_key',Out[32]:
   ...:                 right_on='right_key',how='inner')
  left_key  data1 right_key  data2
0        a      0         a      0
1        a      0         a      4
2        a      1         a      0
3        a      1         a      4
4        a      4         a      0
5        a      4         a      4
6        b      3         b      1
7        b      3         b      3
8        b      6         b      1
9        b      6         b      3
```

merge() 函数的参数有很多，具体见表 5－1。

表 5－1　merge() 函数的参数

| 序号 | 参数 | 功能 |
|---|---|---|
| 1 | left | 参与合并的左侧 DataFrame 或 Series |
| 2 | right | 参与合并的右侧 DataFrame 或 Series |
| 3 | how | 数据连接方式 inner、outer、left 和 right，默认 inner |
| 4 | on | 用于连接的列名，两个数据合并的主键（必须一致） |
| 5 | left_on | 左侧 DataFrame 或 Serie 中用作连接的键 |
| 6 | right_on | 右侧 DataFrame 或 Serie 中用作连接的键 |
| 7 | left_index | 左侧的行索引作为连接键 |
| 8 | right_index | 右侧的行索引作为连接键 |
| 9 | sort | 是否根据连接键合并后的数据排序 |
| 10 | suffixes | 字符串元组，用于追加到重叠列名末尾 |
| 11 | copy | 当为 False 时，可在特殊情况下避免将数据复制到结果中 |

### 5.1.2 索引上的合并

索引合并分为单层索引合并和多层索引合并。

#### 1. 单层索引合并

利用索引合并，只需设置参数 left_index=True 或 right_index=True，或两个参数都设置，这样可以将索引当作连接键使用。如案例 5－5 中的命令行 In[20] 所示，DF7 的列名 a 和 b 与 DF8 的索引 a 和 b 做连接，实现了列与索引的连接，如 key 列；而 value_x 对应 DF7 的数据，value_y 对应 DF8 的数据。默认情况下，merge() 求取连接键交集，也可使用外连接得到交集，如命令行 In [21] 所示。

案例 5－5：列与索引合并。

```
In [16]: DF7=pd.DataFrame({'key':['a','b','c','a','b','b'],
...:                    'value':range(6)})
In [17]: DF8=pd.DataFrame({'value':[1,2]},index=['a','b'])
In [18]: DF7
Out[18]:
  key  value
0   a      0
1   b      1
2   c      2
3   a      3
4   b      4
5   b      5
In [19]: DF8
Out[19]:
   value
a    1
b    2
In [20]: pd.merge(DF7,DF8,left_on='key',right_index=True)
Out[20]:
  key  value_x  value_y
0   a        0        1
3   a        3        1
1   b        1        2
4   b        4        2
5   b        5        2
In [21]: pd.merge(DF7,DF8,left_on='key',right_index=True,how='outer')
Out[21]:
  key  value_x  value_y
0   a        0      1.0
3   a        3      1.0
```

```
1    b         1        2.0
4    b         4        2.0
5    b         5        2.0
2    c         2        NaN
```

### 2. 按多层索引合并

对于层次化索引，以列表的形式指明合并的键的多个列。如案例 5－6 所示，仔细观察命令行 [26] 重复索引的处理，a 重复出现 2 次，与左侧 DF9 连接 2 次键值。命令行 [27] 是外连接取并集的情况。

案例 5－6：层次索引合并。

```
In [22]: DF9=pd.DataFrame({'key1':['A','A','A','B','B'],
    ...:                     'key2':['a','b','c','b','c'],
    ...:                     'data':np.arange(5)})
In [23]: DF10=pd.DataFrame(np.arange(12).reshape((6,2)),
    ...:                     index=[['B','B','A','A','A','A'],
    ...:                     ['b','a','a','a','b','c']],
    ...:                     columns=['data1','data2'])
In [24]: DF9
Out[24]:
  key1 key2  data
0    A    a     0
1    A    b     1
2    A    c     2
3    B    b     3
4    B    c     4
In [25]: DF10
Out[25]:
      data1  data2
B b       0      1
  a       2      3
A a       4      5
  a       6      7
  b       8      9
  c      10     11
In [26]: pd.merge(DF9,DF10,left_on=['key1','key2'],right_index=True)
Out[26]:
  key1 key2  data  data1  data2
0    A    a     0      4      5
0    A    a     0      6      7
1    A    b     1      8      9
2    A    c     2     10     11
```

```
3   B    b    3     0     1
In [27]:  pd.merge(DF9,DF10,left_on=['key1','key2'],
    ...:              right_index=True,how='outer')
Out[27]:
  key1 key2  data  data1  data2
0    A    a   0.0    4.0    5.0
0    A    a   0.0    6.0    7.0
1    A    b   1.0    8.0    9.0
2    A    c   2.0   10.0   11.0
3    B    b   3.0    0.0    1.0
4    B    c   4.0    NaN    NaN
4    B    a   NaN    2.0    3.0
```

**3. 按双方索引合并**

也可以合并两个对象的索引。如案例 5－7 所示，在命令行 In[32] 设置 left_index=True 和 right_index=True。

案例 5－7：合并双方索引。

```
In [28]: DF11=pd.DataFrame(np.arange(6).reshape((3,2)),
   ...:       index=['a','d','f'],columns=['A','B'])
In [29]: DF12=pd.DataFrame(np.arange(8).reshape((4,2)),
   ...:       index=['a','b','d','f'],columns=['C','D'])
In [30]: DF11
Out[30]:
   A  B
a  0  1
d  2  3
f  4  5
In [31]: DF12
Out[31]:
   C  D
a  0  1
b  2  3
d  4  5
f  6  7
In [32]: pd.merge(DF11,DF12,how='outer',
   ...:       left_index=True,right_index=True)
Out[32]:
     A    B  C  D
a  0.0  1.0  0  1
b  NaN  NaN  2  3
```

```
d  2.0  3.0  4  5
f  4.0  5.0  6  7
```

#### 4. 使用 join() 按索引合并

DataFrame 的 join() 可以实现按索引合并，也可以合并具有相似索引的 DataFrame 对象。如案例 5－8 所示，命令行 In[33] 按索引合并了 DF11 和 DF12，而命令行 In[36]、In[37] 实现了 3 个对象的合并。

案例 5－8：使用 join() 合并。

```
In [33]: DF11.join(DF12,how='outer')
Out[33]:
     A    B   C  D
a  0.0  1.0  0  1
b  NaN  NaN  2  3
d  2.0  3.0  4  5
f  4.0  5.0  6  7
In [34]: DF13=pd.DataFrame(np.arange(8).reshape((4,2)),
    ...:       index=['a','c','e','g'],columns=['E','F'])
In [35]: DF13
Out[35]:
   E  F
a  0  1
c  2  3
e  4  5
g  6  7
In [36]: DF11.join([DF12,DF13])
Out[36]:
     A    B    C    D    E    F
a  0.0  1.0  0.0  1.0  0.0  1.0
d  2.0  3.0  4.0  5.0  NaN  NaN
f  4.0  5.0  6.0  7.0  NaN  NaN
In [37]: DF11.join([DF12,DF13],how='outer')
Out[37]:
     A    B    C    D    E    F
a  0.0  1.0  0.0  1.0  0.0  1.0
d  2.0  3.0  4.0  5.0  NaN  NaN
f  4.0  5.0  6.0  7.0  NaN  NaN
b  NaN  NaN  2.0  3.0  NaN  NaN
c  NaN  NaN  NaN  NaN  2.0  3.0
e  NaN  NaN  NaN  NaN  4.0  5.0
g  NaN  NaN  NaN  NaN  6.0  7.0
```

### 5.1.3 轴向合并

轴向合并数据主要是指沿着某个轴连接多个对象，Pandas 的 concat() 函数能够解决轴向连接问题。下面分别介绍 Series 和 DataFrame 轴向合并。

**1. Series 合并**

如案例 5－9 所示，定义 3 个没有重复索引的 Series，使用 concat() 将 3 个对象按照不同的轴向合并，得到不同的 Series。命令行 [41] 实现了纵向合并，此时 axis 默认为 0；而在命令行 [42] 实现了横向合并，需设置 axis=1。也可以设置 concat() 的参数 join 为 inner 或 outer，这样可以取得两个对象的交集或并集，如命令行 [45] 和 [46]。

**案例 5－9**：Series 合并。

```
In [38]: s1=pd.Series([0,1],index=['a','b'])
In [39]: s2=pd.Series([2,3],index=['c','d'])
In [40]: s3=pd.Series([4,5,6],index=['e','f','g'])
In [41]: pd.concat([s1,s2,s3])
Out[41]:
a    0
b    1
c    2
d    3
e    4
f    5
g    6
dtype: int64
In [42]: pd.concat([s1,s2,s3],axis=1)
Out[42]:
     0    1    2
a  0.0  NaN  NaN
b  1.0  NaN  NaN
c  NaN  2.0  NaN
d  NaN  3.0  NaN
e  NaN  NaN  4.0
f  NaN  NaN  5.0
g  NaN  NaN  6.0
In [43]: s4=pd.concat([s1,s2])
In [44]: s4
Out[44]:
a    0
b    1
c    2
d    3
```

```
dtype: int64
In [45]: pd.concat([s1,s4],axis=1)
Out[45]:
     0  1
a  0.0  0
b  1.0  1
c  NaN  2
d  NaN  3
In [46]: pd.concat([s1,s4],axis=1,join='inner')
Out[46]:
   0  1
a  0  0
b  1  1
```

在 Series 创建连接时，使用参数 keys 可以建立层次化索引。如案例 5－10 所示，在命令行 In[47] 建立层次化索引，可以区分源数据；在命令行 In [49] 使用 unstack() 函数对 s5 进行转化，分别建立行索引和列索引；在命令行 In [51] 使用 keys 参数建立列索引，并指定了 axis=1，做横向连接。

案例 5－10：合并 Series 并建立索引。

```
In [47]: s5=pd.concat([s1,s1,s3],keys=['A','B','C'])
In [48]: s5
Out[48]:
A  a    0
   b    1
B  a    0
   b    1
C  e    4
   f    5
   g    6
dtype: int64
In [49]: s5.unstack()
Out[50]:
     a    b    e    f    g
A  0.0  1.0  NaN  NaN  NaN
B  0.0  1.0  NaN  NaN  NaN
C  NaN  NaN  4.0  5.0  6.0
In [51]: pd.concat([s1,s2,s3],axis=1,keys=['A','B','C'])
Out[51]:
     A    B    C
a  0.0  NaN  NaN
b  1.0  NaN  NaN
```

```
c  NaN  2.0  NaN
d  NaN  3.0  NaN
e  NaN  NaN  4.0
f  NaN  NaN  5.0
g  NaN  NaN  6.0
```

**2. DataFrame 合并**

DataFrame 的连接与 Series 类似。如案例 5－11 所示，命令行 In [56] 设置了 axis=1，做横向合并，用参数 keys 指定层次索引名称；命令行 In [57] 使用字典创建层次索引。

**案例 5－11：** 合并 DataFrame 并建立索引。

```
In [52]: df1=pd.DataFrame(np.arange(9).reshape(3,3),
   ...:     index=['a','b','c'],columns=['A','B','C'])
In [53]: df2=pd.DataFrame(np.arange(4).reshape(2,2),index=['a','b',],col
umns=['D','E',])
In [54]: df1
Out[54]:
   A  B  C
a  0  1  2
b  3  4  5
c  6  7  8
In [55]: df2
Out[55]:
   D  E
a  0  1
b  2  3
In [56]: pd.concat([df1,df2],axis=1,keys=['index_df1','index_df2'])
Out[56]:
          index_df1      index_df2
            A  B  C       D    E
a           0  1  2      0.0  1.0
b           3  4  5      2.0  3.0
c           6  7  8      NaN  NaN
In [57]: pd.concat({'index_df1':df1,'index_df2':df2},axis=1)
Out[57]:
          index_df1      index_df2
            A  B  C       D    E
a           0  1  2      0.0  1.0
b           3  4  5      2.0  3.0
c           6  7  8      NaN  NaN
```

函数 concat() 还有许多参数功能，具体见表 5－2。如果想给分层级索引命名，可使用参数 names；还可以在设置 keys 或 levels 的同时设置 names，给两个索引层次分别起名字。如案例 5－12 所示，命令行 In[58] 是在命令行 In[56] 的基础上加了参数 names=['name1','name2']，意思是给第一层索引命名为 name1，给第二层索引命名为 name2。命令行 In[59] 主要说明 concat() 可以用于进行行合并，只需设置 ignore_index=True 即可。

表 5－2　concat() 函数的参数

| 序号 | 类型 | 功能 |
|---|---|---|
| 1 | objs | 参与合并的左侧 DataFrame 或 Series |
| 2 | axis | 指明连接的轴向，默认为 0 |
| 3 | join | 指明其他轴的索引是并集 outer 还是 inner，默认 outer |
| 4 | join_axes | 指明用于其他 n-1 条轴的索引，不执行交集或并集运算 |
| 5 | keys | 用于连接轴向上的层次化索引 |
| 6 | levels | 指定用作层次化索引各级别上的索引 |
| 7 | names | 创建分层次索引名称，前提是设置 keys 和 levels |
| 8 | verify_integrity | 检查结果对象新轴上的重复情况 |
| 9 | ignore_index | 不保留连接轴上的索引 |

案例 5－12：合并 DataFrame 并给各层索引命名。

```
In [58]: pd.concat([df1,df2],axis=1,keys=['index_df1','index_df2'],
    ...:      names=['name1','name2'])
Out[58]:
name1          index_df1       index_df2
name2          A  B  C          D    E
a              0  1  2         0.0  1.0
b              3  4  5         2.0  3.0
c              6  7  8         NaN  NaN
In [59]:  pd.concat([df1,df2],ignore_index=True)
Out[59]:
     A    B    C    D    E
0  0.0  1.0  2.0  NaN  NaN
1  3.0  4.0  5.0  NaN  NaN
2  6.0  7.0  8.0  NaN  NaN
3  NaN  NaN  NaN  0.0  1.0
4  NaN  NaN  NaN  2.0  3.0
```

### 5.1.4　合并重叠数据

当两组数据的索引完全重合或部分重合，且数据存在 NaN 值时，可使用 conbine_

first() 实现重叠数据的操作。这种操作可以将 NaN 值填充为另一组数据对应位置的值。案例 5－13 所示为 Series 合并重叠数据的过程，ser1 的 NaN 用 Ser2 的同位置数据填充。

案例 5－13：合并 Series 重叠数据。

```
In [60]: ser1=pd.Series([np.nan,1,np.nan,3,4,np.nan],
   ...:               index=['a','b','c','d','e','f'])
In [61]: ser2=pd.Series(np.arange(len(ser1),dtype=np.int64),
   ...:               index=['a','b','c','d','e','f'])
In [62]: ser1
Out[62]:
a    NaN
b    1.0
c    NaN
d    3.0
e    4.0
f    NaN
dtype: float64
In [63]: ser2
Out[63]:
a    0
b    1
c    2
d    3
e    4
f    5
dtype: int64
In [64]: ser1.combine_first(ser2)
Out[64]:
a    0.0
b    1.0
c    2.0
d    3.0
e    4.0
f    5.0
dtype: float64
```

DataFrame 合并重叠数据也是 DataFrame 的一个对象通过 combine_first() 调用另一个 DataFrame 对象，用被调对象相应位置的数据填充 NaN 的值，如案例 5－14 所示。

案例 5－14：合并 DataFrame 重叠数据。

```
In [65]: df1=pd.DataFrame({'a':[0,np.nan,2,np.nan],
   ...:                   'b':[np.nan,1,np.nan,3],
```

```
   ...:                        'c':[4,5,6,7]})
In [66]: df2=pd.DataFrame({'a':[8,9,np.nan,11,np.nan],
   ...:                        'b':[np.nan,13,14,15,16,]})
In [67]: df1
Out[67]:
     a    b   c
0  0.0  NaN   4
1  NaN  1.0   5
2  2.0  NaN   6
3  NaN  3.0   7
In [68]: df2
Out[68]:
      a      b
0   8.0    NaN
1   9.0   13.0
2   NaN   14.0
3  11.0   15.0
4   NaN   16.0
In [69]: df1.combine_first(df2)
Out[69]:
      a     b    c
0   0.0   NaN  4.0
1   9.0   1.0  5.0
2   2.0  14.0  6.0
3  11.0   3.0  7.0
4   NaN  16.0  NaN
```

## 5.2 重塑

5.2-5.3 重塑和数据转换

将表格型数据重新排列的运算称为重塑或轴向旋转。该操作主要是重新定义数据的行索引或列索引，达到重新组织数据结构的目的。

### 5.2.1 重塑层次化索引

重塑分层索引会将 DataFrame 类对象的列索引转换为行索引，或转换为层次索引。DataFrame 提供了两个函数 stack() 和 unstack() 用于旋转行和列。这两个函数的功能是相反的：stack() 的功能是将数据的列旋转为行；而 unstack() 的功能是将数据的行旋转为列。如案例 5－15 所示，命令行 In[72] 用 stack() 将列转换为行，得到一个以行索引为一层索引、列索引为二层索引的层次化索引 Series；而命令行 In[73] 使用 unstack() 重排 DataFrame。unstack() 参数可以是层次化索引的 name，也可以是数字，用于指定何层索引为列名，如命令行 In[74]，得到一个以列索引为一层索引、行索引为二层索引的 Series。

案例 5-15：行列旋转。

```
In [70]: df=pd.DataFrame(np.arange(6).reshape((2,3)),
    ...:            index=pd.Index(['a','b'],name='line'),
    ...:            columns=pd.Index(['A','B','C'],name='column'))
In [71]: df
Out[71]:
column  A  B  C
line
a       0  1  2
b       3  4  5
In [72]: df.stack()
Out[72]:
line  column
a     A         0
      B         1
      C         2
b     A         3
      B         4
      C         5
dtype: int32
In [73]: df.stack().unstack()
Out[73]:
column  A  B  C
line
a       0  1  2
b       3  4  5
In [74]: df.unstack('line')   #或使用 df.unstack(0)
Out[74]:
column  line
A       a       0
        b       3
B       a       1
        b       4
C       a       2
        b       5
dtype: int32
```

### 5.2.2 轴向旋转

轴向旋转是一种基本的数据表转换操作，这种操作可以重新指定对象的行索引和列索引，并重新组织数据。Pandas 提供了 pivot() 和 melt() 函数用于实现轴向旋转操作，下面分别介绍。

### 1. pivot()

pivot() 可将 DataFrame 的某一列数据转换为列索引或行索引。pivot() 有 3 个参数，分别是 index、columns 和 values，分别表示转换后的数据对象的行索引、列索引和数据值。如案例 5－16 所示，事先准备好数据文件 CSV_file4.csv，存放内容如图 5－1 所示，使用 read_CSV() 读取文件并赋值给 df，在命令行 In[77] 使用 pivot() 将 fields3 列指定为行索引、fields2 列指定为列索引、fields1 列指定为新对象的数据值。

| | A | B | C |
|---|---|---|---|
| 1 | fields1 | fields2 | fields3 |
| 2 | 1 | a | A |
| 3 | 2 | b | A |
| 4 | 3 | c | A |
| 5 | 4 | d | A |
| 6 | 5 | a | B |
| 7 | 6 | b | B |
| 8 | 7 | c | B |
| 9 | 8 | d | B |

图 5－1　CSV 文件内容

案例 5－16：用 pivot() 指定横轴和纵轴。

```
In [75]: df=pd.read_csv('CSV_file4.csv')
In [76]: df
Out[76]:
   fields1 fields2 fields3
0        1       a       A
1        2       b       A
2        3       c       A
3        4       d       A
4        5       a       B
5        6       b       B
6        7       c       B
7        8       d       B
In [77]: pivot_df=df.pivot(index='fields3',columns='fields2',values='fields1')
In [78]: pivot_df
Out[78]:
fields2  a  b  c  d
fields3
A        1  2  3  4
B        5  6  7  8
```

### 2. melt()

melt() 的操作与 pivot() 恰恰相反，它能将 DataFrame 类对象的列索引转换为一行数据，如案例 5－17 所示，用参数 value_name 表示新数据行所在的列索引。melt() 函数的参数见表 5－3。

表 5－3　melt() 函数的参数

| 序号 | 类型 | 功能 |
|---|---|---|
| 1 | id_vars | 无须转换的列索引 |
| 2 | value_vars | 欲转换的列索引，若都转换则省略该参数 |

续表

| 序号 | 类型 | 功能 |
| --- | --- | --- |
| 3 | var_name | 自定义列索引 |
| 4 | value_name | 自定义数据所在列索引 |
| 5 | col_level | 若列索引是分层索引，表示列索引级别 |
| 6 | ignore_index | 是否忽略索引，默认为 True |

案例 5－17：用 melt() 转换列数据。

```
In [79]: pivot_df.melt(value_name='fields',ignore_index=False)
Out[79]:
          fields2  fields
fields3
A              a       1
B              a       5
A              b       2
B              b       6
A              c       3
B              c       7
A              d       4
B              d       8
```

## 5.3 数据转换

### 5.3.1 重复值处理

DataFrame 用 duplicated() 检查各行数据是否重复，用 drop_duplicates() 移除重复行。如案例 5－18 所示，命令行 [82] 中的 duplicated() 返回一个 Series，数据均是布尔类型，用 True 表示重复；而在命令行 [83] 用 drop_duplicates() 去掉重复行；也可以指定过滤哪一列，如命令行 [84]，指定过滤 key1 列。

案例 5－18：重复值检测与去除。

```
In [80]: df=pd.DataFrame({'key1':['a','a','a','b','b','b','b'],
    ...:                  'key2':[1,1,2,2,3,3,3],})
In [81]: df
Out[81]:
  key1  key2
0    a     1
```

```
1     a     1
2     a     2
3     b     2
4     b     3
5     b     3
6     b     3
In [82]: df.duplicated()
Out[82]:
0    False
1     True
2    False
3    False
4    False
5     True
6     True
dtype: bool
In [83]: df.drop_duplicates()
Out[83]:
  key1  key2
0    a     1
2    a     2
3    b     2
4    b     3
In [84]: df.drop_duplicates(['key1'])
Out[84]:
  key1  key2
0    a     1
3    b     2
```

### 5.3.2 替换数值

Pandas 使用 replace() 替换指定数值。案例 5 - 19 给出了几种替换方式。

案例 5 - 19：替换值。

```
In [85]: ser=pd.Series([1,2,3,4,5,6])
In [86]: ser
Out[86]:
0    1
1    2
2    3
3    4
4    5
```

```
5    6
dtype: int64
In [87]: ser.replace(6,np.nan)              # 将 6 替换为 NaN
Out[87]:
0    1.0
1    2.0
2    3.0
3    4.0
4    5.0
5    NaN
dtype: float64
In [88]: ser.replace([2,3],[np.nan,10])# 使用列表，将 2 替换为 NaN，将 3 替换为 10
Out[88]:
0     1.0
1     NaN
2    10.0
3     4.0
4     5.0
5     6.0
dtype: float64
In [89]: ser.replace({5:50,6:60})           # 使用字典，将 5 替换为 50，将 6 替换为 60
Out[89]:
0     1
1     2
2     3
3     4
4    50
5    60
dtype: int64
```

### 5.3.3 轴索引重新命名

Pandas 使用 rename() 函数结合字典对象可以对指定的行、列索引进行修改，同时需设置参数 inplace=True，如案例 5－20 所示。

**案例 5－20**：修改轴索引。

```
In [90]: df=pd.DataFrame(np.arange(16).reshape((4,4)),
    ...:                 index=['A','B','C','D'],
    ...:                 columns=['a','b','c','d'])
In [91]: df
Out[91]:
    a   b   c   d
```

```
A   0   1   2   3
B   4   5   6   7
C   8   9  10  11
D  12  13  14  15
In [92]: df.rename(index={'A':'one','B':'two','C':'three','D':'four'},
   ...:            columns={'a':'one','b':'two','c':'three','d':'four'},inplace=True)
In [93]: df
Out[93]:
       one  two  three  four
one      0    1      2     3
two      4    5      6     7
three    8    9     10    11
four    12   13     14    15
```

### 5.3.4 离散化和划分面元

将连续数据离散化称为面元，Pandas 提供的 cut() 函数可以实现离散化，该函数的常用参数见表 5-4。

表 5-4 cut() 函数的参数

| 序号 | 类型 | 功能 |
| --- | --- | --- |
| 1 | x | 一维数组 |
| 2 | bins | 划分区间 |
| 3 | right | 是否包含区间右端 |
| 4 | labels | 用于生成区间的标签 |
| 5 | retbins | 是否返回 bin |
| 6 | precision | 精度，默认保留 3 位小数 |
| 7 | include_lowest | 是否包含左端点 |

假设有一组年龄数据，将这组年龄数据划分为 0 ～ 18，19 ～ 25，26 ～ 45，46 ～ 60，61 以上 5 个年龄段，数据离散化处理前后对比如图 5-2 所示。现使用 age 表示年龄数据，bins 表示划分年龄段，通过 cut() 按照 bins 划分 ages，过程如案例 5-21 所示。命令行 [97] 显示了划分面元的区间和个数，区间均为左开右闭。实质上，cut() 函数返回的是一个 Categorical 对象，是一组表示面元的字符串，它包含了分组的数量以及不同分类；这里的分组用区间表式。命令行 [98] 使用 value_counts() 统计各自面元的数目；也可以设置面元的名称，定义一个列表或数组，如命令行 [99] 的 group_names；命令行 [100] 将 group_names 设置为各面元名称。

| | 年龄 |
|---|---|
| 0 | 12 |
| 1 | 17 |
| 2 | 20 |
| 3 | 22 |
| 4 | 36 |
| 5 | 40 |
| 6 | 48 |

（a）离散化之前

| | 年龄段 |
|---|---|
| 0 | (0,18] |
| 1 | (0,18] |
| 2 | (19,25] |
| 3 | (19,25] |
| 4 | (26,45] |
| 5 | (26,45] |
| 6 | (46,60] |

（b）离散化之后

图 5－2　离散化

案例 5－21：离散化。

```
In [94]: ages=[12,17,20,22,36,40,48,45,32,65,41]
In [95]: bins=[0,18,25,45,60,100]
In [96]: categories=pd.cut(ages,bins)
In [97]: categories
Out[97]:
[(0, 18], (0, 18], (18, 25], (18, 25], (25, 45], (25, 45], (45, 60]]
Categories (5, interval[int64]): [(0, 18] < (18, 25] < (25, 45] < (45, 
60] < (60, 100]]
In [98]: pd.value_counts(categories)
Out[98]:
(0, 18]      2
(18, 25]     2
(25, 45]     2
(45, 60]     1
(60, 100]    0
dtype: int64
In [99]: group_names=['Child','Younth','Adult','Stronger','Old']
In [100]: pd.cut(ages,bins,labels=group_names)
Out[100]:
['Child', 'Child', 'Younth', 'Younth', 'Adult', 'Adult', 'Stronger']
Categories (5, object): ['Child' < 'Younth' < 'Adult' < 'Stronger' < 'Old']
```

### 5.3.5　检测和过滤异常值

异常值的检测和过滤的实质是数组运算。如案例 5－22 所示，命令行 In[102] 创建了一个 100 行 4 列的 DataFrame，数据为随机数，命令行 In[104] 定义了矩阵的第三列，命令行 In[105] 用于找出绝对值大于 2 的数值，命令行 In[106] 用于找出全部绝对值大于 2 的行。

案例 5－22：检测过滤。

```
In [101]: np.random.seed(1000)
In [102]: df=pd.DataFrame(np.random.randn(100,4))
In [103]: df
Out[103]:
           0         1         2         3
0  -0.804458  0.320932 -0.025483  0.644324
1  -0.300797  0.389475 -0.107437 -0.479983
2   0.595036 -0.464668  0.667281 -0.806116
3  -1.196070 -0.405960 -0.182377  0.103193
4  -0.138422  0.705692  1.271795 -0.986747
..       ...       ...       ...       ...
95 -1.025049  1.615114  0.671913 -1.172642
96 -0.240556 -1.238338  0.249996  0.279426
97  1.030095  0.835574 -0.034537 -0.322657
98 -0.012690  1.962265  0.913136 -0.088459
99 -0.157848 -0.337320 -0.319583  1.268900
[100 rows x 4 columns]
In [104]: df3=df[3]
In [105]: df3[np.abs(df3)>2]
Out[105]:
22    2.861769
50    2.009270
69   -2.105504
83   -2.326051
Name: 3, dtype: float64
In [106]: df[(np.abs(df)>2).any(1)] #省略了输出
```

### 5.3.6 哑变量

哑变量是人为设置的变量，用来反映某个变量的不同类型。常使用哑变量处理类别转换，最终得到一个哑变量矩阵，矩阵的值通常是 0 或 1。在 Pandas 中使用 get_dummies() 对类别进行哑变量处理，其参数见表 5－5。

表 5－5 get_dummies() 函数的参数

| 序号 | 类型 | 功能 |
|---|---|---|
| 1 | data | 数据：可接受数组、DataFrame、Series |
| 2 | prefix | 列名前缀 |
| 3 | prefix_sep | 附加前缀作为分隔符使用，默认为下划线 |
| 4 | dummy_na | 是否为 NaN 值添加一列，默认 False |

续表

| 序号 | 类型 | 功能 |
| --- | --- | --- |
| 5 | columns | DataFrame 要编码的列名，默认 None |
| 6 | sparse | 虚拟列是否是稀疏的，默认 False |
| 7 | drop_first | 是否通过从 k 个分类级别中删除第一个级来获得 k-1 个分类级别，默认 False |

案例 5－23 中，命令行 In[108] 用 get_dummies() 对 DataFrame 哑变量进行处理，结果如 Out[108] 所示；命令行 In[109] 使用参数 prefix 给 DataFrame 的列加上前缀，以便与其他数据合并。

**案例 5－23：** 哑变量分类。

```
In [107]: df=pd.DataFrame({'key':['a','a','b','c','b','a'],'data':range(6)})
In [108]: pd.get_dummies(df['key'])
Out[108]:
   a  b  c
0  1  0  0
1  1  0  0
2  0  1  0
3  0  0  1
4  0  1  0
5  1  0  0
In [109]: df_dum=pd.get_dummies(df['key'],prefix='key')
In [110]: df[['data']].join(df_dum)
Out[110]:
   data  key_a  key_b  key_c
0     0      1      0      0
1     1      1      0      0
2     2      0      1      0
3     3      0      0      1
4     4      0      1      0
5     5      1      0      0
```

## 5.4 案例——期末成绩规整化处理

5.4 案例——期末成绩规整化处理

通过前面的学习，大家对 Pandas 已经有了基本的认识，本节将通过一个期末成绩规整化处理的案例来进一步讲解 Pandas 在数据清理、转化、合并和重塑方面的应用。

本案例要处理的是高校某门课程的期末成绩，但这些数据存在一些问题，例如某些数据重复或缺失。本案例通过 Pandas 对已有的数据进行预处理操作，具体内容包括：发现重复数据并删除，填充缺失值，处理异常值，合并多张表格信息。

明确了需求之后，首先要准备好数据，期末成绩文件分别为 score1.csv 和 score2.csv，如图 5 - 3 所示。

| | A | B | C | D | E |
|---|---|---|---|---|---|
| 1 | 学 号 | 姓 名 | 班级 | 分项成绩 | 总成绩 |
| 2 | 2019022051 | 田震 | 计应211 | 75 | 中等 |
| 3 | 2019022065 | 谢芳旭 | 计应211 | 77 | 中等 |
| 4 | 2021022070 | 张念兴 | 计应211 | 80 | 良好 |
| 5 | 2021022073 | 崔宏伟 | 计应211 | 73 | 中等 |
| 6 | 2021022076 | 吕爽 | 计应211 | 76 | 中等 |
| 7 | 2021022079 | 王梓超 | 计应211 | 76 | 中等 |
| 8 | 2021022082 | 邹家才 | 计应211 | 68 | 及格 |
| 9 | 2021022115 | 庄鑫宇 | 计应211 | 82 | 良好 |
| 10 | 2021022085 | 关新星 | 计应211 | 80 | 良好 |
| 11 | 2021022088 | 鞠亚宁 | 计应211 | 73 | 中等 |
| 12 | 2021022091 | 王国安 | 计应211 | 75 | 中等 |
| 13 | 2021022094 | 李俊昊 | 计应211 | 75 | 中等 |
| 14 | 2021022097 | 高安娜 | 计应211 | 77 | 中等 |
| 15 | 2021022100 | 张芮 | 计应211 | 82 | 良好 |
| 16 | 2021022103 | 张浩天 | 计应211 | 80 | 良好 |
| 17 | 2021022106 | 武晓婷 | 计应211 | 80 | 良好 |
| 18 | 2021022109 | 董晓翼 | 计应211 | 80 | 良好 |
| 19 | 2021022112 | 郑洁 | 计应211 | 82 | 良好 |
| 20 | 2021022115 | 庄鑫宇 | 计应211 | 82 | 良好 |

| | A | B | C | D | E |
|---|---|---|---|---|---|
| 1 | 学 号 | 姓 名 | 班 级 | 分项成绩 | 总成绩 |
| 2 | 2021022072 | 牛明镜 | 计应212 | 91 | 优秀 |
| 3 | 2021022075 | 代斌 | 计应212 | 60 | 及格 |
| 4 | 2021022078 | 张益民 | 计应212 | 70 | 中等 |
| 5 | 2021022081 | 王忠旭 | 计应212 | 71 | 中等 |
| 6 | 2021022084 | 池家林 | 计应212 | 73 | 中等 |
| 7 | 2021022087 | 朱雨杭 | 计应212 | 77 | 中等 |
| 8 | 2021022090 | 何喜龙 | 计应212 | 68 | 及格 |
| 9 | 2021022093 | 左志强 | 计应212 | 65 | 及格 |
| 10 | 2021022096 | 宋忠政 | 计应212 | 69 | 及格 |
| 11 | 2021022099 | 刘文博 | 计应212 | | 良好 |
| 12 | 2021022102 | 孙熠博 | 计应212 | 80 | 良好 |
| 13 | 2021022105 | 张凯松 | 计应212 | 79 | 中等 |
| 14 | 2021022108 | 郭成郝 | 计应212 | 72 | 中等 |
| 15 | 2021022111 | 李宝文 | 计应212 | 78 | 中等 |
| 16 | 2021022114 | 高自立 | 计应212 | 79 | 中等 |
| 17 | 2021022117 | 刘文宣 | 计应212 | 61 | 及格 |
| 18 | 2021022120 | 王召龙 | 计应212 | 75 | 中等 |
| 19 | 2021022123 | 张子健 | 计应212 | 67 | 及格 |
| 20 | 2021022126 | 范芙榕 | 计应212 | 81 | 良好 |

图 5 - 3　期末成绩文件 score1.csv 和 score2.csv

从图 5 - 3 可以看出 score1 表格中的第 9 行和第 20 行为重复数据，score2 表格中的 D11 单元格存在缺失数据，先来解决这两个问题，具体操作如下：

```
In [1]: import pandas as pd
In [2]: data1=open('score1.csv')    # 读取 score1.csv 的信息
In [3]: data2=pd.read_csv(data1)
In [4]: data2
Out[4]:
        学 号       姓名     班级  分项成绩  总成绩
0    2019022051    田  震    计应 211     75    中等
1    2019022065    谢芳旭    计应 211     77    中等
2    2021022070    张念兴    计应 211     80    良好
3    2021022073    崔宏伟    计应 211     73    中等
4    2021022076    吕  爽    计应 211     76    中等
5    2021022079    王梓超    计应 211     76    中等
6    2021022082    邹家才    计应 211     68    及格
7    2021022115    庄鑫宇    计应 211     82    良好
8    2021022085    关新星    计应 211     80    良好
9    2021022088    鞠亚宁    计应 211     73    中等
10   2021022091    王国安    计应 211     75    中等
11   2021022094    李俊昊    计应 211     75    中等
12   2021022097    高安娜    计应 211     77    中等
13   2021022100    张  芮    计应 211     82    良好
```

```
14  2021022103  张浩天  计应211    80  良好
15  2021022106  武晓婷  计应211    80  良好
16  2021022109  董晓露  计应211    80  良好
17  2021022112  郑  洁  计应211    82  良好
18  2021022115  庄鑫宇  计应211    82  良好
In [5]: data3=open('score2.csv')  # 读取 score2.csv 的信息
In [6]: data4=pd.read_csv(data3)
In [7]: data4
Out[7]:
         学 号       姓名    班级  分项成绩  总成绩
0   2021022072  牛明镜  计应212  91.0  优秀
1   2021022075  代  斌  计应212  60.0  及格
2   2021022078  张益民  计应212  70.0  中等
3   2021022081  王忠旭  计应212  71.0  中等
4   2021022084  池家林  计应212  73.0  中等
5   2021022087  朱雨杭  计应212  77.0  中等
6   2021022090  何喜龙  计应212  68.0  及格
7   2021022093  左志强  计应212  65.0  及格
8   2021022096  宋忠政  计应212  69.0  及格
9   2021022099  刘文博  计应212   NaN  良好
10  2021022102  孙熠博  计应212  80.0  良好
11  2021022105  张凯松  计应212  79.0  中等
12  2021022108  郭成郝  计应212  72.0  中等
13  2021022111  李宝文  计应212  78.0  中等
14  2021022114  高自立  计应212  79.0  中等
15  2021022117  刘文宣  计应212  61.0  及格
16  2021022120  王召龙  计应212  75.0  中等
17  2021022123  张子健  计应212  67.0  及格
18  2021022126  范芙榕  计应212  81.0  良好
In [8]: data2.duplicated()        # 检测 data2 中的数据，返回 True 的表示是重复数据
Out[8]:
0     False
1     False
2     False
3     False
4     False
5     False
6     False
7     False
8     False
9     False
10    False
```

```
11     False
12     False
13     False
14     False
15     False
16     False
17     False
18     True
dtype: bool
In [9]: data4.duplicated()        # 检测 data4 中的数据，返回 True 的表示是重复数据
Out[9]:
0      False
1      False
2      False
3      False
4      False
5      False
6      False
7      False
8      False
9      False
10     False
11     False
12     False
13     False
14     False
15     False
16     False
17     False
18     False
dtype: bool
In [10]: data2=data2.drop_duplicates()     # 删除 data2 中的重复数据
In [11]: data2
Out[11]:
       学 号       姓名    班级  分项成绩 总成绩
0   2019022051   田  震   计应 211    75   中等
1   2019022065   谢芳旭   计应 211    77   中等
2   2021022070   张念兴   计应 211    80   良好
3   2021022073   崔宏伟   计应 211    73   中等
4   2021022076   吕  爽   计应 211    76   中等
5   2021022079   王梓超   计应 211    76   中等
6   2021022082   邹家才   计应 211    68   及格
```

```
7    2021022115  庄鑫宇  计应211    82  良好
8    2021022085  关新星  计应211    80  良好
9    2021022088  鞠亚宁  计应211    73  中等
10   2021022091  王国安  计应211    75  中等
11   2021022094  李俊昊  计应211    75  中等
12   2021022097  高安娜  计应211    77  中等
13   2021022100  张  芮  计应211    82  良好
14   2021022103  张浩天  计应211    80  良好
15   2021022106  武晓婷  计应211    80  良好
16   2021022109  董晓露  计应211    80  良好
17   2021022112  郑  洁  计应211    82  良好
In [12]: data4.isnull()      # 检测 data4 中是否存在缺失数据
Out[12]:
       学号    姓名    班级   分项成绩  总成绩
0    False  False  False  False  False
1    False  False  False  False  False
2    False  False  False  False  False
3    False  False  False  False  False
4    False  False  False  False  False
5    False  False  False  False  False
6    False  False  False  False  False
7    False  False  False  False  False
8    False  False  False  False  False
9    False  False  False  True   False
10   False  False  False  False  False
11   False  False  False  False  False
12   False  False  False  False  False
13   False  False  False  False  False
14   False  False  False  False  False
15   False  False  False  False  False
16   False  False  False  False  False
17   False  False  False  False  False
18   False  False  False  False  False
In [13]: data5=80          # 用 80 替换 NaN 值
In [14]: values={'分项成绩':data5}
In [15]: data4=data4.fillna(value=values)
In [16]: data4
Out[16]:
          学 号        姓名     班级  分项成绩  总成绩
0    2021022072  牛明镜  计应212  91.0  优秀
1    2021022075  代  斌  计应212  60.0  及格
2    2021022078  张益民  计应212  70.0  中等
```

```
3   2021022081  王忠旭  计应 212  71.0  中等
4   2021022084  池家林  计应 212  73.0  中等
5   2021022087  朱雨杭  计应 212  77.0  中等
6   2021022090  何喜龙  计应 212  68.0  及格
7   2021022093  左志强  计应 212  65.0  及格
8   2021022096  宋忠政  计应 212  69.0  及格
9   2021022099  刘文博  计应 212  80.0  良好
10  2021022102  孙熠博  计应 212  80.0  良好
11  2021022105  张凯松  计应 212  79.0  中等
12  2021022108  郭成郝  计应 212  72.0  中等
13  2021022111  李宝文  计应 212  78.0  中等
14  2021022114  高自立  计应 212  79.0  中等
15  2021022117  刘文宣  计应 212  61.0  及格
16  2021022120  王召龙  计应 212  75.0  中等
17  2021022123  张子健  计应 212  67.0  及格
18  2021022126  范芙榕  计应 212  81.0  良好
In [17]: pd.concat([data2,data4],ignore_index=True) # 对两组数据进行合并
Out[17]:
        学 号        姓名     班级  分项成绩  总成绩
0   2019022051  田  震  计应 211  75.0  中等
1   2019022065  谢芳旭  计应 211  77.0  中等
2   2021022070  张念兴  计应 211  80.0  良好
3   2021022073  崔宏伟  计应 211  73.0  中等
4   2021022076  吕  爽  计应 211  76.0  中等
5   2021022079  王梓超  计应 211  76.0  中等
6   2021022082  邹家才  计应 211  68.0  及格
7   2021022115  庄鑫宇  计应 211  82.0  良好
8   2021022085  关新星  计应 211  80.0  良好
9   2021022088  鞠亚宁  计应 211  73.0  中等
10  2021022091  王国安  计应 211  75.0  中等
11  2021022094  李俊昊  计应 211  75.0  中等
12  2021022097  高安娜  计应 211  77.0  中等
13  2021022100  张  芮  计应 211  82.0  良好
14  2021022103  张浩天  计应 211  80.0  良好
15  2021022106  武晓婷  计应 211  80.0  良好
16  2021022109  董晓露  计应 211  80.0  良好
17  2021022112  郑  洁  计应 211  82.0  良好
18  2021022072  牛明镜  计应 212  91.0  优秀
19  2021022075  代  斌  计应 212  60.0  及格
20  2021022078  张益民  计应 212  70.0  中等
21  2021022081  王忠旭  计应 212  71.0  中等
22  2021022084  池家林  计应 212  73.0  中等
```

```
23  2021022087  朱雨杭  计应212  77.0  中等
24  2021022090  何喜龙  计应212  68.0  及格
25  2021022093  左志强  计应212  65.0  及格
26  2021022096  宋忠政  计应212  69.0  及格
27  2021022099  刘文博  计应212  80.0  良好
28  2021022102  孙熠博  计应212  80.0  良好
29  2021022105  张凯松  计应212  79.0  中等
30  2021022108  郭成郝  计应212  72.0  中等
31  2021022111  李宝文  计应212  78.0  中等
32  2021022114  高自立  计应212  79.0  中等
33  2021022117  刘文宣  计应212  61.0  及格
34  2021022120  王召龙  计应212  75.0  中等
35  2021022123  张子健  计应212  67.0  及格
36  2021022126  范芙榕  计应212  81.0  良好
```

Out[4] 中的索引为 7 和 18 的数据是一样的，Out[7] 中的索引为 9 的一行有 NaN 值。

命令行 In[8]、In[9] 的 duplicated() 用于检测重复的数据，Out[8] 中索引 18 对应的值为 Ture，表示此行数据为重复数据；Out[9] 中全为 False，表示没有重复数据。命令行 In[10] 的 drop_duplicates() 用于删除检测出来的重复数据，Out[11] 中索引 18 的重复数据已被删除。

命令行 In[12] 的 isnull() 用于检测缺失值，Out[12] 中索引为 9 的返回结果中有 Ture 值，表示这一行数据中存在缺失数据。命令行 In[13] ～ In[16] 将索引为 9 的行中的缺失值填充为 80。

命令行 In[17] 的 concat() 将 data2 和 data4 两组数据合并，并且重置索引。

## 单元小结

本单元介绍了数据规整化的一些操作，主要包括合并数据集、轴向连接、合并重叠数据、重塑、重复值处理、数据转换与替换、离散化等。希望读者在实际应用中灵活、合理地运用所学知识对数据进行预处理操作。

## 技能检测

### 一、填空题

1. 主键合并使用（　　）函数将不同数据集的行通过一个或多个键值连接起来。

2. 如果两个对象都具有（　　）列名，可以使用参数 left_on 指定左侧 DataFrame 中用作连接键的列，用 right_on 指定右侧 DataFrame 中用作连接键的列。

3. 多对多连接产生的是（　　）笛卡尔积，连接方式只影响出现在结果中的键。

4. 轴向合并数据主要是指沿着某个轴连接多个对象，Pandas 的（　　）函数能够解决轴向连接的问题。

5. 将表格型数据重新排列的运算称为重塑或（　　）。

6. 重塑分层索引会将 DataFrame 类对象的列索引转换为行索引，或转换为（　　）。

7.（　　）是一种基本的数据表转换操作，这种操作可以重新指定对象的行索引和列索引，并重新组织数据。

8. DataFrame 用（　　）检查各行数据是否重复，用 drop_duplicates() 移除重复行。

9. 将连续数据离散化称为面元，Pandas 提供的（　　）函数可以实现离散化。

10. 异常值的检测和过滤实质上是（　　）运算。

二、选择题

1. 可根据一个或多个键将不同的 DataFrame 的行连接起来的函数是（　　）。

A. merge()　　B. concat()　　C. combine_first()

2. 多对多连接时，如果左边的 DataFame 有 2 个 a 行、2 个 b 行，右边的 DataFrame 有 3 个 a 行、2 个 b 行，合并结果将产生（　　）。

A. 5 个 a 行，4 个 b 行　　B. 6 个 a 行，4 个 b 行

C. 3 个 a 行，2 个 b 行　　D. 2 个 a 行，2 个 b 行

3. merge() 函数的参数 how 的默认取值是（　　）。

A. inner　　B. outer　　C. left　　D. right

4. 使用 merge() 实现单层索引合并需设置（　　）。

A. left_index=False　　B. left_index=True 或 right_index=True

C. left_index=False 或 right_index=False　　D. right_index=False

5. 执行 pd.concat([s1,s2,s3],axis=1) 将得到（　　）。

A. 一个 Series　　B. 一个 DataFrame

C. 一个 Numpy　　D. 以上都不对

6. 能够将某一列数据转换为列索引或行索引的函数是（　　）。

A. pivot()　　B. melt()　　C. drop()　　D. stack()

7. 当两组数据的索引完全重合或部分重合，且数据存在 NaN 值时，可使用（　　）实现重叠数据的操作。

A. conbine_first()　　B. concat()

C. merge()　　D. melt()

8. 函数 concat() 给分层级索引命名时，可使用参数（　　）。

A. names　　B. level　　C. keys　　D. axis

9. DataFrame 用（　　）检查各行数据是否重复。

A. drop_duplicates()　　B. duplicated()

C. repeat()　　D. 以上都不对

10. DataFrame 用（　　）移除重复行。

A. drop_duplicates()　　B. duplicated()

C. repeat()　　D. 以上都不对

三、判断题

1. 哑变量是人为设置的变量，用来反映某个变量的不同类型。（　　）

2. 异常值的检测和过滤实质上是数组运算。（　　）

3. 常使用哑变量处理类别转换，最终得到一个哑变量矩阵，矩阵的值通常是 0 或 1。（　　）

4. cut() 函数返回的是一个 Categorical 对象，是一组表示面元的字符串，它包含了分组的数量以及不同分类。（　　）

5. Pandas 使用 rename() 函数结合字典对象可以对指定的行、列索引进行修改，同时需设置参数 inplace=False。（　　）

6. melt() 的操作与 pivot() 相反，它能将 DataFrame 类对象的列索引转换为一行数据。（　　）

7. stack() 的功能是将数据的列旋转为行。（　　）

8. unstack() 的功能是将数据的行旋转为列。（　　）

9. 轴向旋转操作主要是重新定义数据的行索引或列索引，达到重新组织数据结构的目的。（　　）

10. 当两组数据的索引完全重合或部分重合，且数据存在 NaN 值时，可使用 conbine_first() 实现重叠数据的操作。（　　）

### 四、实践题

1. 创建一个 100 行 4 列的 DataFrame，数据为随机数，然后检测绝对值大于 1 的数据?

2. 有一组年龄 {8，12，67，44，30，27，19，80，15，50}，将年龄划分为 0 ~ 12 岁、12 ~ 18 岁、18 ~ 25 岁、25 ~ 45 岁、45 ~ 55 岁、55 岁以上这六种类型，然后用 cut() 函数将这些数据进行面元划分。

3. 创建一个 4 行 4 列的 DataFrame，然后将其行索引分别命名为 A1，A2，A3，A4；列索引分别命名为 B1，B2，B3，B4。

4. 创建一个 4 行 4 列的 DataFrame 和一个 5 行 5 列的 DataFrame，然后利用相关函数进行合并。

# 单元 6 数据可视化

## 单元导读

数据可视化是指将数据以图表的形式展现出来，目的是直观展示信息的构成或分析结果，使抽象的数据具体化。数据可视化与统计图示和科学可视化关系密切。本单元主要介绍数据可视化工具 Matplotlib 和相关绘图知识。

## 学习重点

1. 画布、子图、刻度、标签、图例的概念和应用。
2. 线图、柱状图、条状图、散点图的特点和应用。

## 素养提升

通过学习，认识到数据可视化技术可以帮助用户更加直观地观察数据，明确提出个人见解，有助于团队快速地做出正确的决策，进而提高产品质量或服务水平，为祖国经济建设做贡献。

## 6.1 Matplotlib

6.1 Matplotlib

Matplotlib 是一个功能强大的绘图工具，具有将数据转换为图形的功能，并提供多种输出格式，适用于多种平台。

### 6.1.1 创建画布

Figure() 是 Matplotlib 的一个对象，用于存放 Matplotlib 图像。可以将其理解为一张空白画布，能够容纳图表等组件，如图例、坐标轴等。使用 Matplotlib 前要通过 import matplotlib.pyplt as plt 将其导入，如果在 Jupyter Notebook 中绘图，则需要增加命令 %matplotlib inline。使用 plt.figure() 可以创建一个新的 Figure 对象，如案例 6－1 所示，通过命令 plt.show() 将图像显示在屏幕上，系统会弹出一个空白窗口，这个窗口就是画布，用户可以在上面绘制图形。

案例 6－1：创建画布。

```
In [1]: import matplotlib.pyplot as plt      # 导入 Matplotlib API 函数
In [2]: fig=plt.figure()                     # 创建画布
In [3]: plt.show()                           # 将画布显示到屏幕上
```

figure() 函数的功能是创建一张新的空白画布，其参数详见表 6－1。

表 6－1　figure() 函数的参数

| 序号 | 类型 | 功能 |
|---|---|---|
| 1 | num | 图形编号或名称，默认自动添加 |
| 2 | figsize | 设置画布尺寸，以英寸为单位 |
| 3 | dpi | 设置图形分辨率 |
| 4 | facecolor | 设置画板背景颜色 |
| 5 | edgecolor | 显示边框颜色 |
| 6 | frameom | 是否显示边框 |
| 7 | figureClass | 派生类，选择使用自定义图形对象 |
| 8 | clear | 若为 True 且图形已存在，则清除 |

了解了 figure() 参数之后，我们可以在画布上设置背景颜色、添加边框、绘制图形，如案例 6－2 所示。

案例 6－2：创建画布背景并绘图。

```
In [7]: fig=plt.figure(facecolor='red',      # 设置画布背景颜色
   ...:                frameon=True,         # 设置显示边框
   ...:                clear=True)           # 清除原画布
In [8]: plt.plot(np.arange(0,1001))          # 画一条直线
In [9]: plt.show()                           # 将图片显示到屏幕上
```

### 6.1.2　创建子图

通常，我们会将画布分为多个绘图区域，每个区域是一个 Axes 对象，每个 Axes 拥

有属于自己的坐标系，这个 Axes 称为子图。子图的创建方式有以下几种。

### 1. 使用 add_subplot() 创建子图

add_subplot() 是 Figure 对象的方法，用于添加和指定当前子图。add_subplot() 的使用形式是 add_subplot(a,b,c)，表示将 Figure 对象分割成 a 行 b 列，c 表示当前子图。如案例 6－3 所示，使用 add_subplot() 将 figure 对象划分为 4 个区域，即 4 个子图，4 个子图按行从左到右编号，左上角的子图的编号为 1，余下递增，如图 6－1 所示。

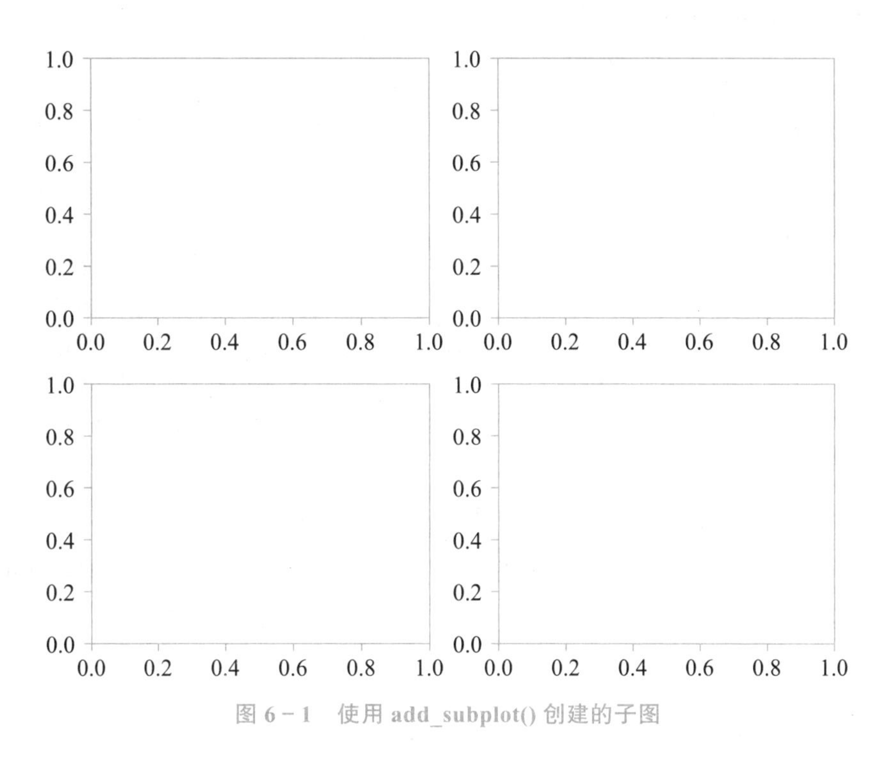


图 6－1　使用 add_subplot() 创建的子图

案例 6－3：使用 add_subplot() 创建子图。

```
In [10]: fig=plt.figure(clear=True)  # 创建画布，清除原对象
In [11]: ax1=fig.add_subplot(2,2,1)  # 创建 2 行 2 列子图，左上子图编号为 1
In [12]: ax2=fig.add_subplot(2,2,2)  # 创建 2 行 2 列子图，右上子图编号为 2
In [13]: ax3=fig.add_subplot(2,2,3)  # 创建 2 行 2 列子图，左下子图编号为 3
In [14]: ax4=fig.add_subplot(2,2,4)  # 创建 2 行 2 列子图，右下子图编号为 4
In [15]: plt.show()                  # 将图片显示到屏幕上
```

### 2. 使用 subplot() 创建子图

subplot() 能够在画布上创建子图，它是 Matplotlib 的一个函数，其主要参数见表 6－2。subplot() 的使用方式与 add_subplot() 类似，subplot(a,b,c) 表示将绘图区划分成 a 行 b 列，c 用于指定当前子图。如果 a、b、c 都是个位数，可以组合在一起形成一个实数。如 subplot(2,3,4) 可写成 subplot(234)。具体应用如案例 6－4 所示。

表 6-2 subplot() 函数的参数

| 序号 | 类型 | 功能 |
| --- | --- | --- |
| 1 | nrows | 子图网格行数 |
| 2 | ncols | 子图网格列数 |
| 3 | index | 矩阵区域索引，即编号 |

案例 6-4：使用 subplot() 创建子图。

```
In [16]: import numpy as np
In [17]: plt.subplot(231)                                    # 创建2行3列子图，编号为1
In [18]: plt.plot(np.arange(0,51))                           # 在当前子图画线
In [19]: plt.subplot(232)                                    # 创建2行3列子图，编号为2
In [20]: plt.plot(np.arange(0,51),np.arange(0,51))           # 在当前子图画线
In [21]: plt.plot(np.arange(0,51),-np.arange(0,51))          # 在当前子图画线
In [22]: plt.subplot(233)                                    # 创建2行3列子图，编号为3
In [23]: plt.plot(np.arange(0,51),np.arange(0,51))           # 在当前子图画线
In [24]: plt.subplot(236)                                    # 创建2行3列子图，编号为6
In [25]: plt.plot(np.arange(0,51),np.arange(0,51)**2)        # 在当前子图画线
In [26]: plt.show()
```

在案例 6-4 中，subplot() 将绘图区划分为 2 行 3 列的子图矩阵，在编号 1 的子图绘制一条 $y=x$ 的函数线，在编号 2 的子图绘制 $y=x$ 和 $y=-x$ 的函数线，在编号 3 的子图绘制 $y=x$ 的函数线，在编号 6 的子图绘制 $y=x*x$ 的函数线，如图 6-2 所示。

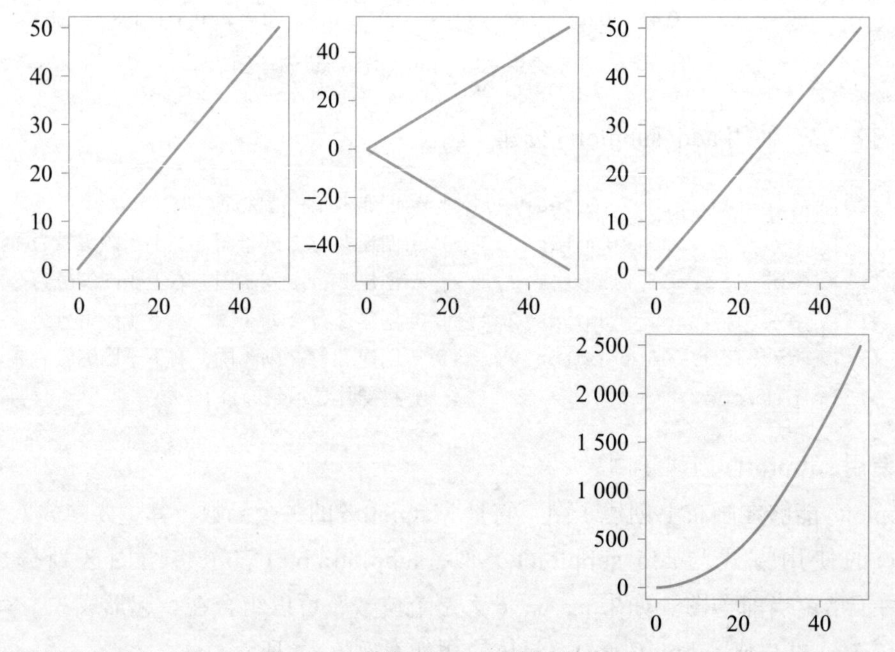


图 6-2 使用 subplot() 创建的子图

### 3. 使用 subplots() 创建子图

函数 subplots() 与前两种函数的区别是可以返回两个对象：第一个是 Figure，第二个是 Axes 或数组。创建单个子图时返回单个子图，创建多个子图时返回 Axes 数组。另外，subplots() 有两个参数 sharex 和 sharey，分别表示 $x$ 或 $y$ 轴是否共享。当设为 True 或 all 时，所有子图共享 $x$ 轴或 $y$ 轴；当设为 False 或 None 时，所有子图的 $x$ 轴或 $y$ 轴是独立的。

如案例 6－5 所示，使用 subplots(2,4) 创建 2 行 4 列的子图矩阵，可以看到有两个返回对象：fig 和 axes。axes 是一个 2 行 4 列的数组，代表 8 个子图，每个子图的位置按照数组下标选取。运行结果如图 6－3 所示。

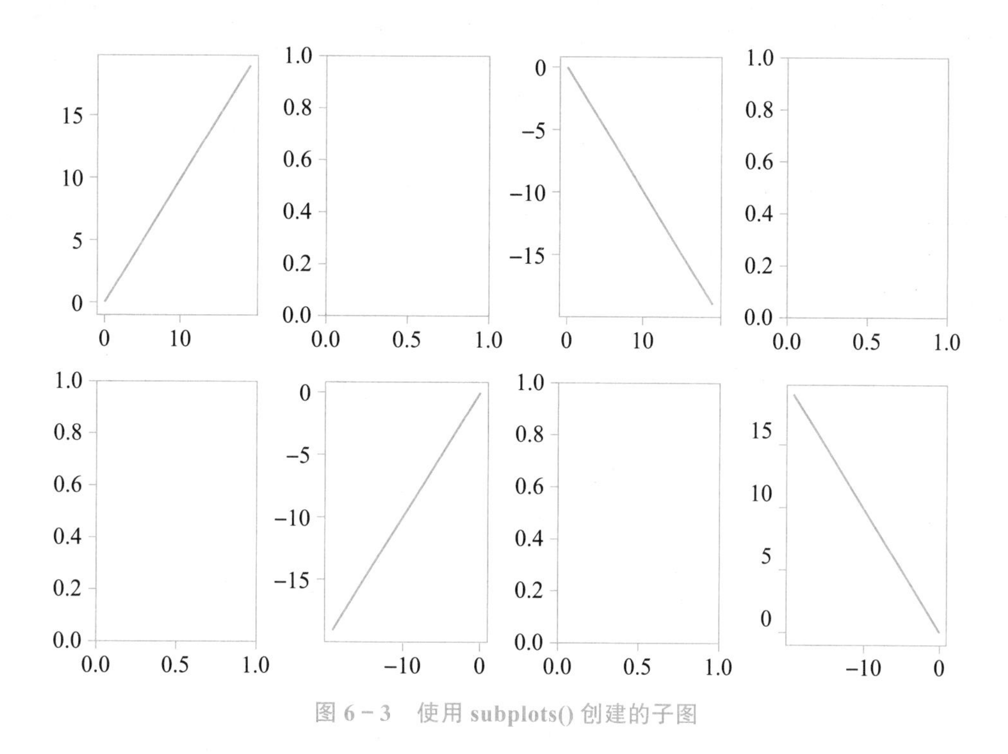

图 6－3　使用 subplots() 创建的子图

案例 6－5：使用 subplots() 创建子图。

```
In [27]: fig,axes=plt.subplots(2,4) # 创建 2 行 4 列的子图矩阵
In [28]: axes                       # 查看 subplots 返回数组
Out[28]:
array([[<AxesSubplot:>, <AxesSubplot:>, <AxesSubplot:>, <AxesSubplot:>],
       [<AxesSubplot:>,<AxesSubplot:>,<AxesSubplot:>, <AxesSubplot:>]],
      dtype=object)
In [36]: axes[0,0].plot(np.arange(0,20))                      # 选中 0,0 子图
In [37]: axes[0,2].plot(np.arange(0,20),-np.arange(0,20))  # 选中 0,2 子图
In [38]: axes[1,1].plot(-np.arange(0,20),-np.arange(0,20))# 选中 1,1 子图
```

```
In [39]: axes[1,3].plot(-np.arange(0,20),np.arange(0,20)) #选中1,3子图
In [40]: plt.show()
```

4. 调整子图距离

通过上面几个案例可以发现，子图之间有一定的距离，而且 Matplotlib 也会在子图外围留下一定的距离。距离与图像的高度和宽度有关，图像大小发生变化，距离也会随之变化。通过 Figure 提供的方法 subplots_adjust() 可以修改子图间距。subplots_adjust() 函数的参数见表 6－3。

表 6－3 subplot_adjust() 函数的参数

| 序号 | 类型 | 功能 |
|---|---|---|
| 1 | left | 左边距 |
| 2 | right | 右边距 |
| 3 | top | 顶部距离 |
| 4 | bottom | 底部距离 |
| 5 | wspace | 子图横向间距 |
| 6 | hspace | 子图纵向间距 |

subplots_adjust() 的使用如案例 6－6 所示，命令行 In[41] 创建了 2 行 4 列的子图矩阵，且子图共享 $x$ 轴和 $y$ 轴。命令行 In[42] 用于调整子图间距，横向和纵向都为 0，如图 6－4 所示。

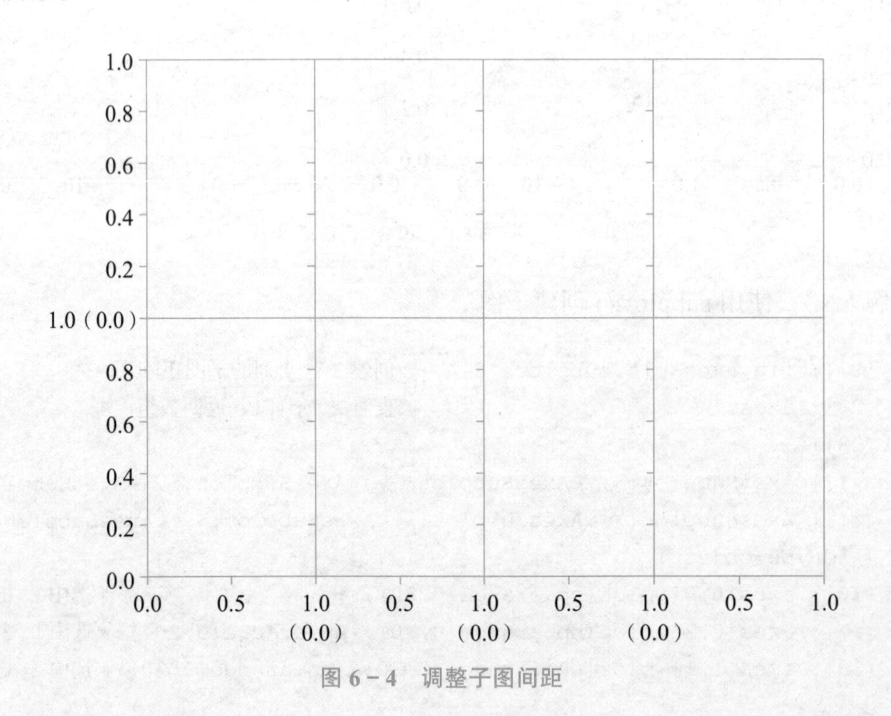


图 6－4 调整子图间距

案例 6－6：调整子图间距。

```
In [41]: fig,axes=plt.subplots(2,4,sharex=True,sharey=True)
In [42]: plt.subplots_adjust(wspace=0,hspace=0)
In [43]: plt.show()
```

### 6.1.3 颜色、线型和标记

Matplotlib 提供的绘图函数可以设置线条的颜色、线型和标记风格，其参数分别为 color、linestyle 和 marker，具体见表 6－4。

表 6－4 subplot_adjust() 函数的参数

| 序号 | color 参数值 | | linestyle 参数值 | | marker 参数值 | |
|---|---|---|---|---|---|---|
| | 颜色值 | 说明 | 线型值 | 说明 | 标记值 | 说明 |
| 1 | r(red) | 红色 | - | 实线 | o | 实心圆 |
| 2 | g(green) | 绿色 | -- | 长虚线 | D | 菱形 |
| 3 | b(blue) | 蓝色 | -. | 线点相间 | h | 六边形 |
| 4 | c(cyan) | 青色 | : | 短虚线 | H | 六边形 |
| 5 | w(white) | 白色 | | | 8 | 八边形 |
| 6 | k(black) | 黑色 | | | p | 五边形 |
| 7 | y(yellow) | 黄色 | | | + | 加号 |
| 8 | m(magenta) | 品红 | | | . | 点 |
| 9 | | | | | s | 正方形 |
| 10 | | | | | v | 倒三角形 |
| 11 | | | | | ^ | 正三角形 |
| 12 | | | | | < | 左三角形 |
| 13 | | | | | > | 右三角形 |
| 14 | | | | | * | 星形 |

下面通过 Matplotlib 的 plot() 函数说明三者的使用。plot() 可以接受坐标位置，并根据线型、颜色和标记绘图。如 plt.plot(x,y,'b--') 表示在坐标 (x,y) 处画蓝色长虚线；另一种写法更加明确，plt.plot(x,ylinestyle='--',color='b')。有时为了强调数据点，还要加上标记，标记和线型通常放在颜色后面。具体用法如案例 6－7 所示，运行结果如图 6－5 所示。

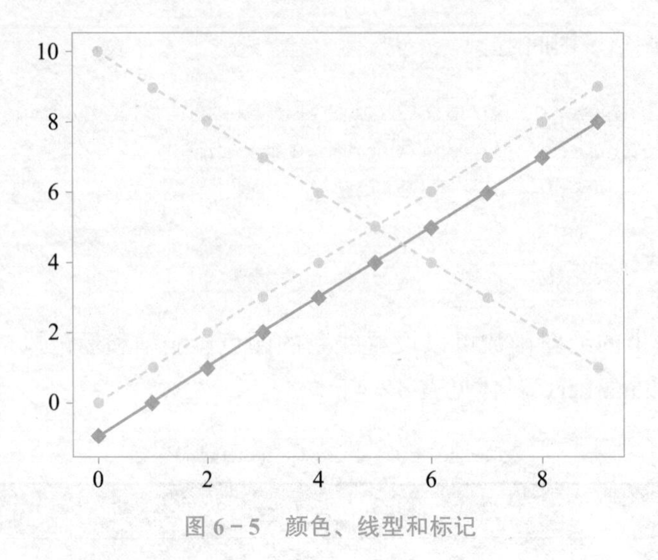


图 6－5　颜色、线型和标记

案例 6－7：颜色、线型和标记设置。

```
In [44]: plt.plot(data,data,'k--',marker='o')
In [45]: plt.plot(data,10-data,'ko--')        # 黑色长虚线实心圆标记
In [46]: plt.plot(data,data-1,
   ...:color='b',marker='D',linestyle='-') # 蓝色实线菱形标记
In [47]:  plt.show()
```

### 6.1.4　刻度、标签和图例

Matplotlib 提供了刻度、标签和图例等方面的函数（表 6－5），可使图形更加规范。

表 6－5　刻度、标签和图例函数

| 序号 | 类型 | 功能 |
|---|---|---|
| 1 | title() | 设置标题 |
| 2 | xlabel() | 设置 $x$ 轴标签 |
| 3 | ylabel() | 设置 $y$ 轴标签 |
| 4 | xticks() | 设置 $x$ 轴刻度数目与取值 |
| 5 | yticks() | 设置 $y$ 轴刻度数目与取值 |
| 6 | xlim() | 设置或获取 $x$ 轴取值范围 |
| 7 | ylim() | 设置或获取 $y$ 轴取值范围 |
| 8 | legend() | 添加图例 |

标题、标签和刻度的创建过程如案例 6－8 所示，图 6－6 的左图是该案例的绘制结果。

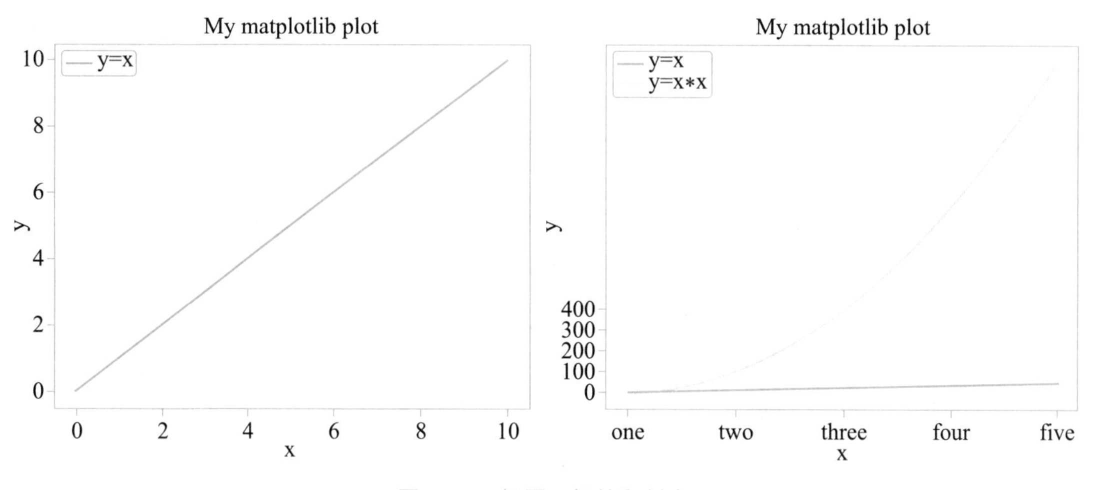


图 6－6　标题、标签和刻度

案例 6－8：标题、标签和刻度的设置。

```
In [48]: plt.title("My matplotlib plot")          # 设置标题
In [49]: plt.xlabel('x')                          # 设置 x 轴标签
In [50]: plt.ylabel('y')                          # 设置 y 轴标签
In [51]: plt.xticks(np.arange(0,11,2))            # 设置 x 轴刻度
In [52]: plt.yticks(np.arange(0,11,2))            # 设置 y 轴刻度
In [53]: plt.plot(np.arange(0,11))                # 绘制 y=x
In [54]: plt.legend(['y=x'])                      # 添加图例
In [55]: plt.show()
```

也可以使用 Figure 对象的方法 set_xticks() 和 set_xticklabels() 创建标题、标签和刻度。set_xticks() 用于确定 $x$ 轴刻度的数据范围，set_xticklabels() 用于给 $x$ 轴刻度命名；同理，set_yticks() 和 set_yticklabels() 用于确定 $y$ 轴刻度的数据范围以及为刻度命名。添加图例使用 Figure 对象的方法 legend(loc='best')，参数 loc='best' 表示将图例放在最合适的位置。具体应用如案例 6－9 所示，绘制结果如图 6－6 的右图所示。

案例 6－9：标题、标签和刻度的设置。

```
In [56]: fig=plt.figure()
In [57]: ax=fig.add_subplot(1,1,1)
In [58]: ticks=ax.set_yticks([0,100,200,300,400]) # 设置 y 轴刻度
In [59]: ticks=ax.set_xticks([0,10,20,30,40])     # 设置 x 轴刻度
In [60]: labels=ax.set_xticklabels(['one','two','three',
```

```
   ...:          'four','five'],rotation=30,fontsize='small')
In [61]: ax.set_title('My matplotlib plot')          # 设置标题
In [62]: ax.set_xlabel('x')                          # 给 x 轴命名
In [63]: ax.set_ylabel('y')                          # 给 y 轴命名
In [64]: ax.plot(np.arange(0,41),np.arange(0,41),
   ...:          label='y=x')                        # 传入 label 给图例命名
In [65]: ax.plot(np.arange(0,41),np.arange(0,41)**2,
   ...:          label='y=x*x')                      # 传入 label 给图例命名
In [66]: ax.legend(loc='best')                       # 图例放在最佳位置
In [67]: plt.show()
```

### 6.1.5 绘图与注解

注解可以通过 Figure 对象的 text() 输出在指定位置，而绘图则是创建一些称为 patch 的块对象，要在图中添加一个图形，需创建一个块对象，然后通过 add_patch() 添加到 subplot 中，如案例 6-10 所示，绘制结果如图 6-7 所示。

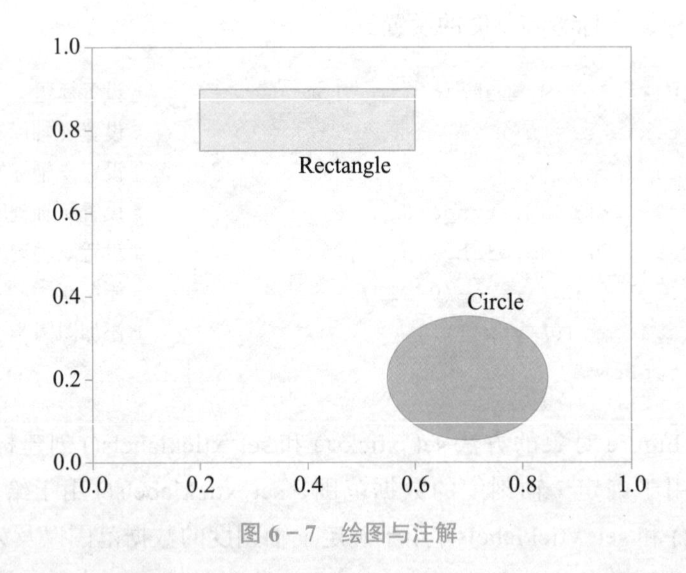


图 6-7 绘图与注解

案例 6-10：绘图与注解。

```
In [77]: fig=plt.figure()
In [78]: ax=fig.add_subplot(1,1,1)
In [79]: rect=plt.Rectangle((0.2,0.75),0.4,0.15,
   ...:          color='k',alpha=0.3)           # 定义矩形
In [80]: circ=plt.Circle((0.7,.2),0.15,
   ...:          color='b',alpha=0.3)# 定义圆形
In [81]: ax.add_patch(rect)                     # 矩形绘制在 subplot 上
```

```
In [82]: ax.text(0.4,0.7,'Rectangle',        # 显示注解
   ...:          family='monospace',fontsize=10)
In [83]: ax.add_patch(circ)                   # 圆形绘制在 subplot 上
In [86]: ax.text(0.7,0.35,'Circle',           # 显示注解
   ...:          family='monospace',fontsize=10)
In [87]: plt.show()
```

### 6.1.6 图表保存到文件

利用 Figure 对象的方法 savefig() 可以将图表保存到文件中，如执行命令 plt.savefig('fig.svg') 表示将当前图表命名为 fig、扩展名为 svg。savefig() 常用的参数是 dpi 和 bbox_inches，分别用于设置图像分辨率和剪除图表四周空白部分。要得到一张有最小白边且分辨率为 400dpi 的 png 图片，可以使用如下命令：

```
plt.savefig('fig.png',dpi=400,bbox_inches='tight')
```

savefig() 函数的参数很多，具体见表 6－6。

表 6－6　savfig() 函数的参数

| 序号 | 类型 | 功能 |
| --- | --- | --- |
| 1 | fname | 文件名的路径字符串，扩展名由图像格式推出 |
| 2 | dpi | 图像分辨率，单位是每英寸点数，默认为 100 |
| 3 | facecolor | 图像背景色，颜色值一般取 auto |
| 4 | edgecolor | 图像边缘色 |
| 5 | format | 设置文件格式（'png', 'pdf', 'svg', 'ps', 'eps'） |
| 6 | bbox_inches | 图表需要保存的部分。如设置 tight，将减除图表周围的空白部分 |
| 7 | orientation | Postscript 后端参数，取值范围为 {landscape,portrait} |
| 8 | papertype | 纸张大小，取值 letter,legal,executive,ledger,a0-a10 |
| 9 | metadata | 用于存储图像元数据的键值对 |
| 10 | tansparent | 是否透明 |
| 11 | frameon | 设置边框 |

### 6.1.7 绘图

Matplotlib.pyplot 模块可以绘制多种图表，具体见表 6－7。

表 6-7　Pyplot 中的绘制图表函数

| 序号 | 类型 | 功能 |
| --- | --- | --- |
| 1 | bar | 绘制条形图（柱状图） |
| 2 | barh | 绘制水平条形图 |
| 3 | boxplot | 绘制箱型图 |
| 4 | hist | 绘制直方图 |
| 5 | pie | 绘制饼图 |
| 6 | plot | 绘制折线图 |
| 7 | specgram | 绘制光谱图 |
| 8 | stackplot | 绘制堆积区域图 |
| 9 | scatter | 绘制散点图 |

**1. 线**

画线时，默认线型为实线，若要用其他类型需设置。如案例 6-11 所示，先使用 Numpy 的 linspace() 指定横坐标，同时规定起点和终点分别为 1 和 20，然后使用 plot() 根据坐标点绘制直线，并指定线型，绘制结果如图 6-8 左图所示。

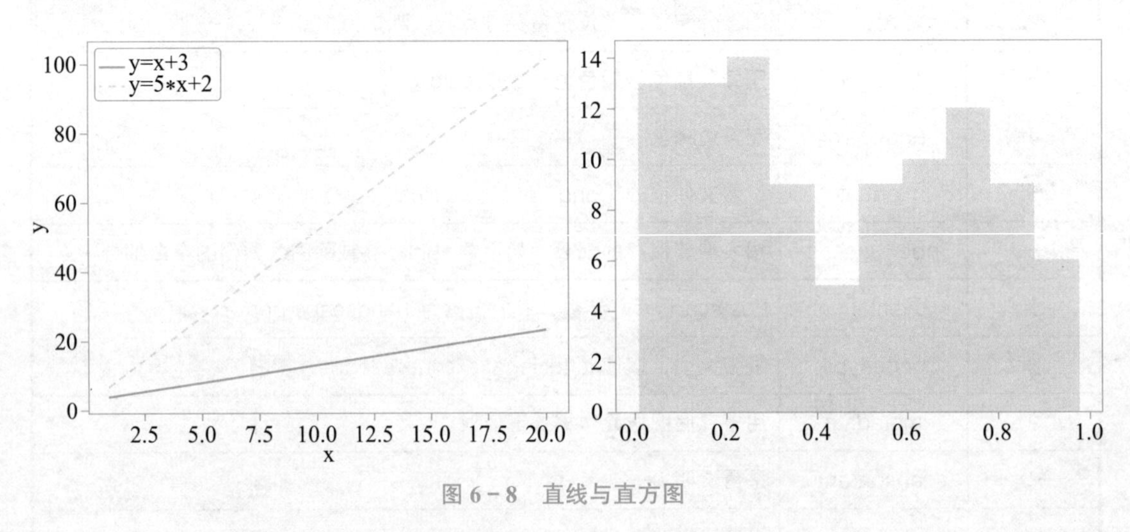


图 6-8　直线与直方图

案例 6-11：绘制直线。

```
In [88]: x=np.linspace(1,20)                    # 指定横坐标起点和终点
In [89]: plt.plot(x,3+x)                        # 画 y=x+3
In [90]: plt.plot(x,5*x+2,'--')                 # 画 y=5*x+2，线型是虚线
```

```
In [91]: plt.xlabel('x')                        # 设置横轴标签
In [92]: plt.ylabel('y')                        # 设置纵轴标签
In [93]: plt.legend(['y=x+3','y=5*x+2'])        # 添加图例
In [94]: plt.savefig('fig.png',dpi=400,         # 保存图表文件
    ... : bbox_inches='tight')
In [95]: plt.show()                             # 显示图表
```

### 2. 直方图

直方图通过一系列高度不等的细长的矩形显示数据的分布情况，是对值频率进行离散化显示的柱状图。Matplotlib 使用 hist() 绘制直方图。如案例 6－12 所示，先定义 100 个随机数，以便采用这组数据绘制直方图，直方图共有 10 个高度不等的条形，颜色为蓝色，透明度为 0.7，绘制结果如图 6－8 右图所示。

案例 6－12：绘制直方图。

```
In [96]: arr=np.random.rand(100)
In [97]: plt.hist(arr,bins=10,color='b',alpha=0.7)
In [98]: plt.show()
```

### 3. 散点图

散点图可以直观地展示直角坐标系的变量关系。在散点图中，每个数据的位置就是两个变量的值，通过散点疏密和变化趋势表示两个变量之间的关系。Matplotlib 的 scatter() 用于绘制散点图，如案例 6－13 所示，绘制结果如图 6－9 左图所示。

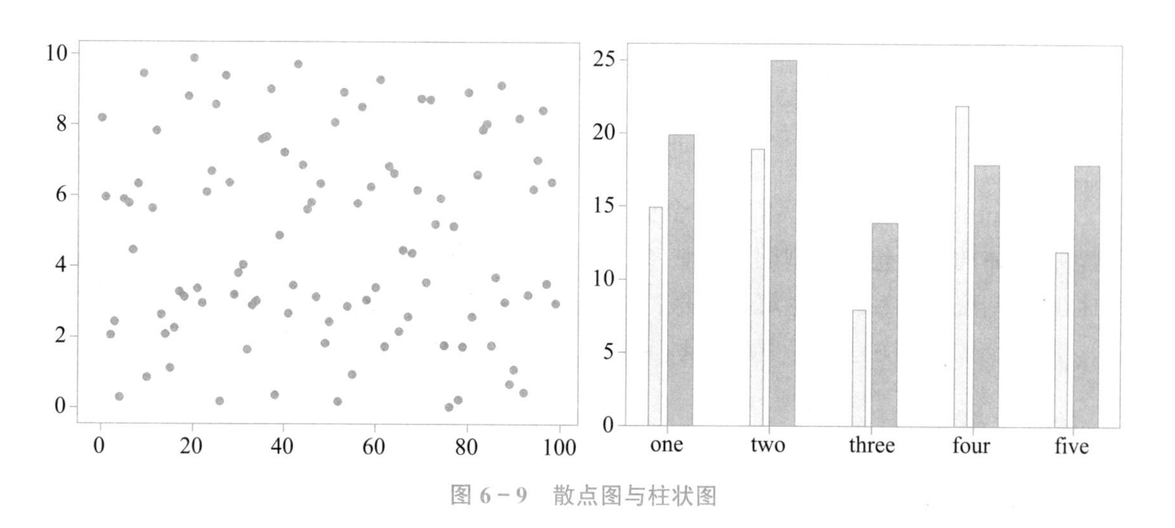


图 6－9　散点图与柱状图

案例 6－13：绘散点图。

```
In [100]: x=np.arange(100)                     # 定义数组 x，表示 x 轴数据
```

```
In [101]: y=np.random.rand(100)*10    # 定义数组y，表示y轴数据
In [102]: plt.scatter(x,y)            # 绘制散点图
In [103]: plt.show()
```

**4. 柱状图**

柱状图是常见的统计报告图，Matplotlib 用于绘制柱状图的函数是 bar()。如案例 6－14 所示，命令行 In[109] 用于创建第一个柱状图，bar() 的参数依次是 x 和 y1，是 bar 在两个坐标轴的数据，width/2 为柱状图的宽度，填充颜色 color 为红色，边框颜色 edgecolor 为蓝色；命令行 In[110] 用于创建第二个柱状图，bar() 的参数依次是 x+width 和 y2，是 bar 在两个坐标轴的数据，width 为柱状图的宽度，填充颜色 color 为绿色，边框颜色 edgecolor 为黑色。其余命令解释可以参考案例注释，绘制结果如图 6－9 右图所示。

**案例 6－14：** 绘柱状图。

```
In [104]: x=np.array([0,1,2,3,4])                     # 创建数组作为x轴数据
In [105]: y1=np.array([15,19,8,22,12])                # 第一个柱状图的y轴数据
In [106]: y2=np.array([20,25,14,18,18])               # 第二个柱状图的y轴数据
In [107]: width=0.25                                  # 第二个柱状图的宽度
In [108]: ax=plt.subplot(1,1,1)                       # 创建子图
In [109]: ax.bar(x,y1,width/2,color='r',edgecolor='b')
In [110]: ax.bar(x+width,y2,width,color='g',edgecolor='k')
In [111]: ax.set_xticks(x+width/2)                    # 设置x轴刻度
In [111]: ax.set_xticklabels(                         # 设置x轴刻度标签
   ...  :              ['One','Two','Three','Four','Five'])
In [112]: plt.show()                                  # 显示图形
```

## 6.2 Pandas 绘图函数

6.2 Pandas 绘图函数

Matplotlib 制作一个图表需要多个步骤和对象，如先创建子图，再创建各种具体的图，包括线型图、柱状图、散点图等，最后加上图例、图的标题、刻度、标签以及注解等信息，制作一张图表比较麻烦。相比之下，Pandas 的绘图方法显得更加便捷和高效，本节将具体讲解。

### 6.2.1 线型图

Series 和 DataFrame 都有生成图表的方法，下面分别介绍。

**1. 绘制 Series 图表**

Series.plot() 函数的参数见表 6－8。plot() 的用法如案例 6－15 所示，先定义一个 Series，在命令行 In[6] 中，Series 的索引传送到 matplotlib，作为 *x* 轴索引，使用 kind='line' 选择线型，并旋转刻度标签 60°，绘制结果如图 6－10 左图所示。

表 6-8 Series.plot() 函数的参数

| 序号 | 类型 | 功能 |
|---|---|---|
| 1 | ax | 表示即将在其上绘制的 Matplotlib 对象 |
| 2 | alpha | 透明度，取值范围为 0～1 |
| 3 | grid | 显示网格线 |
| 4 | kind | 取 line、bar、barh 和 kde |
| 5 | label | 图例的标签 |
| 6 | logy | $y$ 轴设置为对数标尺 |
| 7 | rot | 刻度标签旋转角度 |
| 8 | style | 标记风格如 ro-- |
| 9 | use_index | 对象的索引用作刻度标签 |
| 10 | xlim | $x$ 轴界限 |
| 11 | xticks | $x$ 轴刻度 |
| 12 | ylim | $y$ 轴界限 |
| 13 | yticks | $y$ 轴刻度 |

案例 6-15：Series 绘制线型图。

```
In [1]: import matplotlib.pyplot as plt
In [2]: import numpy as np
In [3]: import pandas as pd
In [4]: Ser=pd.Series([2,5,1,8,6],
   ...:     index=['one','two','three','four','five'])
In [5]: Ser.plot(kind='line',rot=60)
In [6]: plt.show()
```

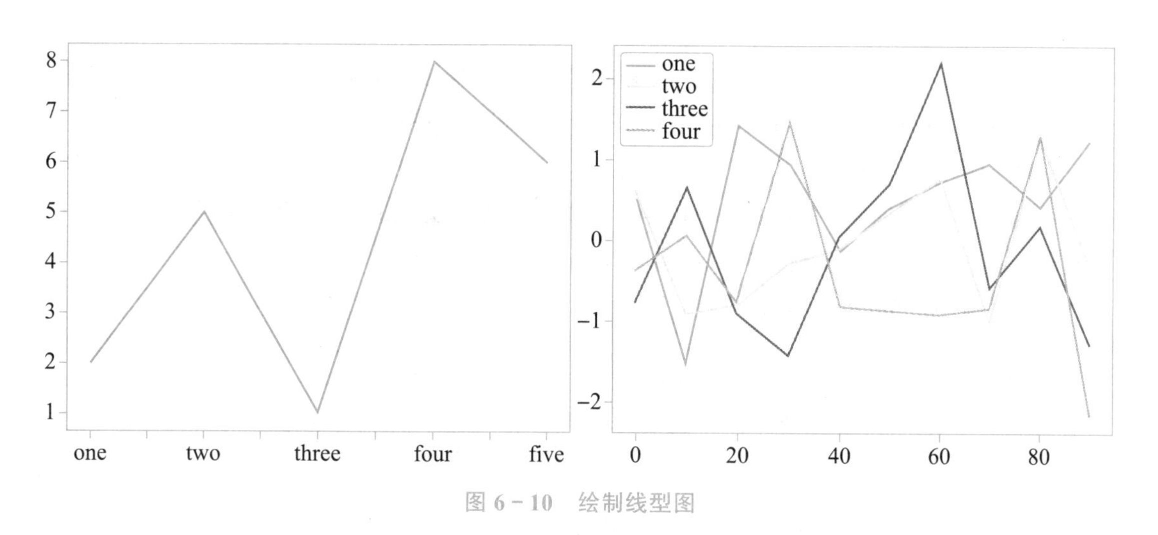


图 6-10 绘制线型图

### 2. 绘制 DataFrame 图表

DataFrame.plot() 函数的参数见表 6-9。如案例 6-16 所示，在 subplot() 中为每列绘制一条线，并自动添加图例，绘制结果如图 6-10 右图所示。

表 6-9 DataFrame.plot() 函数的参数

| 序号 | 类型 | 功能 |
|---|---|---|
| 1 | figsize | 图像大小的二元组 |
| 2 | legend | 添加一个 subplot 图例 |
| 3 | sharex | 当 subplots=True 时，共享同一个 $x$ 轴 |
| 4 | sharey | 当 subplots=True 时，共享同一个 $y$ 轴 |
| 5 | sort_columns | 以字母顺序绘制各列，默认使用当前顺序 |
| 6 | subplots | 将各个 DataFrame 列绘制到单独的 subplot |
| 7 | title | 标题 |

案例 6-16：DataFrame 绘制线型图。

```
In [7]: df=pd.DataFrame(np.random.randn(10,4),
   ...:                  columns=['one','two','three','four'],
   ...:                  index=np.arange(0,100,10))
In [8]: df.plot()
In [9]: plt.show()
```

### 6.2.2 柱状图

在案例 6-15 中，将 plot() 的参数 kind 设为 bar 即可绘制柱状图，如案例 6-17 所示，绘制结果如图 6-11 左图所示。DataFrame 绘制柱状图时，将每行作为一组绘制在一起，并用图例区分各列，如案例 6-18 所示，命令行 In[14] 的参数为 kind='bar'，绘制结果如图 6-11 中图所示。在命令行 In[16] 设置的参数 stacked=True 表示所有数据堆积在一起，形成一个柱状，绘制结果如图 6-11 右图所示。

案例 6-17：Series 绘制柱状图。

```
In [10]: Ser=pd.Series([2,5,1,8,6],
   ...:     index=['one','two','three','four','five'])
In [11]: Ser.plot(kind='bar',rot=60)# 绘制柱状图，标签旋转 60°
In [12]: plt.show()
```

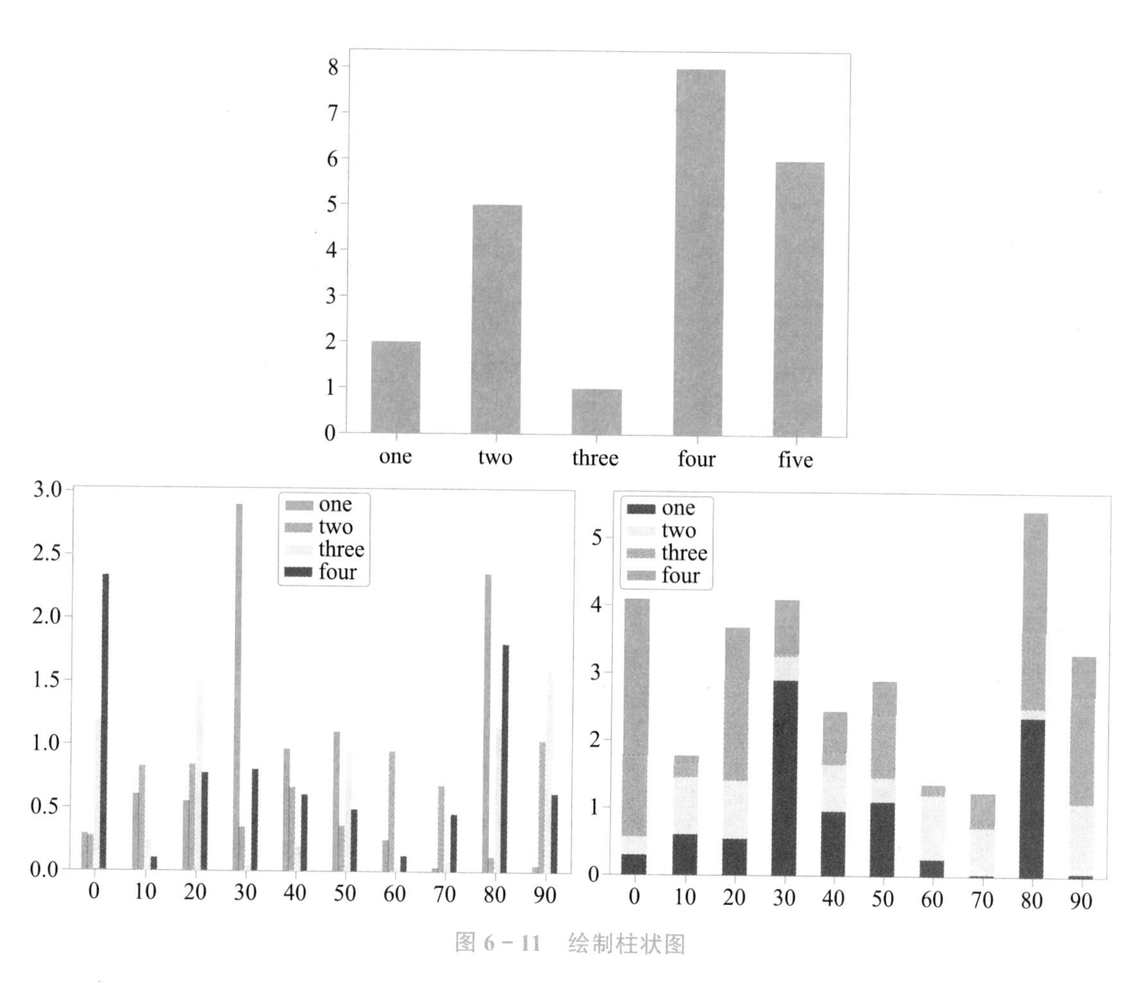


图 6－11　绘制柱状图

案例 6－18：DataFrame 绘制柱状图。

```
In [13]:  df=pd.DataFrame(abs(np.random.randn(10,4)),
   ...:              columns=['one','two','three','four'],
   ...:              index=np.arange(0,100,10))
In [14]: df.plot(kind='bar')  # 绘制柱状图，参数 kind='bar'
In [15]: plt.show()
In [16]: df.plot(kind='bar',stacked=True,alpha=0.5)
In [17]: plt.show()
```

### 6.2.3　直方图

直方图是指数据点被拆分到离散的、间隔均匀的面元中，每个柱状条包含了数据点的数量。Pandas 的直方图使用关键字 hist。如案例 6－19 所示，命令行 In[18] 定义了 Series 对象，包含 3 个 1、2 个 2、1 个 5、2 个 6 和 1 个 8，如图 6－12 左图所示。在绘制结果中可以看出每个柱状条包含横坐标所代表的数字出现的次数；坐标表示横坐标所代表的数字的个数。

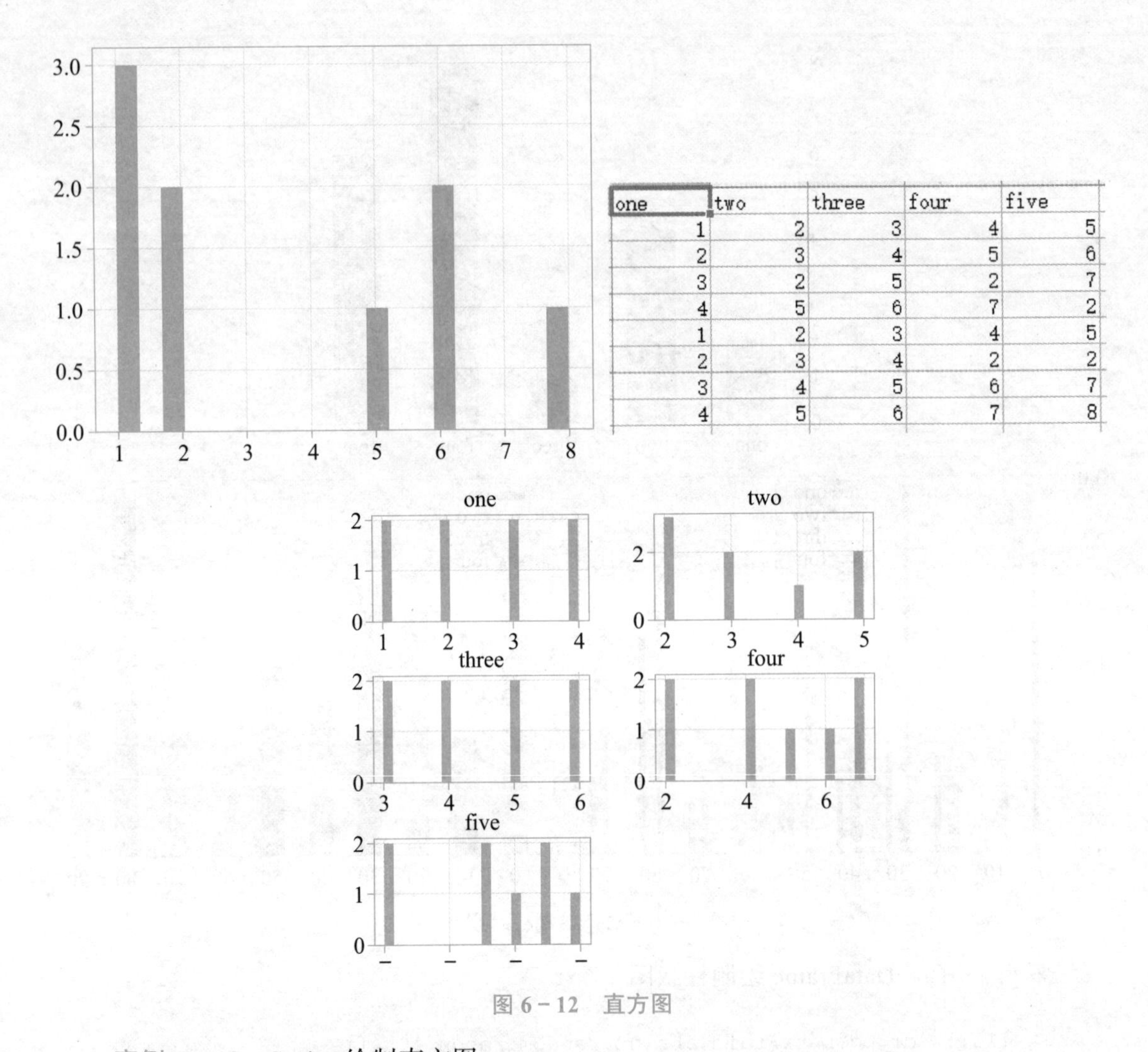

| one | two | three | four | five |
|---|---|---|---|---|
| 1 | 2 | 3 | 4 | 5 |
| 2 | 3 | 4 | 5 | 6 |
| 3 | 2 | 5 | 2 | 7 |
| 4 | 5 | 6 | 7 | 2 |
| 1 | 2 | 3 | 4 | 5 |
| 2 | 3 | 4 | 2 | 2 |
| 3 | 4 | 5 | 6 | 7 |
| 4 | 5 | 6 | 7 | 8 |



图 6－12　直方图

案例 6－19：Series 绘制直方图。

```
In [18]: Ser=pd.Series([2,5,1,8,6,1,1,2,6],
    ...:        index=['A','B','C','D','E','F','G','H','I'])
In [19]: Ser.hist(bins=20)
In [20]: plt.show()
```

DataFrame 绘制直方图应用的是 DataFrame 对象的 hist 方法。如案例 6－20 所示，先在当前目录下创建一个文件 'CSV_file6.csv'，文件内容如图 6－12 中图所示，使用 read.csv 读取给对象 df_csv，然后使用 hist() 方法生成直方图，绘制结果如图 6－12 右图所示，5 个数据列对应 5 个子图，数据条带高度坐标值表示横轴坐标所表示的数字个数。

案例 6－20：DataFrame 绘制直方图。

```
In [21]: df_csv=pd.read_csv('CSV_file6.csv')
In [22]: df_csv
```

```
Out[23]:
   one  two  three  four  five
0    1    2      3     4     5
1    2    3      4     5     6
2    3    2      5     2     7
3    4    5      6     7     2
4    1    2      3     4     5
5    2    3      4     2     2
6    3    4      5     6     7
7    4    5      6     7     8
In [24]: df_csv.hist(bins=20)
In [25]: plt.show()
```

## 6.3 案例——商场抽奖

6.3 案例——商场抽奖

通过前面的学习，大家已经对 NumPy 这个科学计算包有了一定的了解。本节将通过一个商场抽奖的案例来进一步讲解 NumPy。

本案例讲的是某商场举行抽奖活动，“平均每 100 人就能有 1 人抽中一等奖”；中奖率设为 1%；每天的顾客超过 100 人，一周总共有超过 700 人参与抽奖；一周内开出一等奖次数 5 次（一周之内每天都有超过 100 人抽奖，并没有产生 7 个一等奖，只产生了 5 个）。那么，“平均每 100 人就能有 1 人抽中一等奖”的说法可靠吗？通过以下程序验证。

```
In [1]: import pandas as pd                                # 导入 Pandas
In [2]: import numpy as np                                 # 导入 Numpy
In [3]: import pylab                                       # 导入 pylab
In [3]: choujiang = pd.Series([" 未中奖 "," 一等奖 "])
In [4]: from collections import Counter                    # 导入 Counter
In [5]: lottery = pd.Series([" 未中奖 "," 一等奖 "])  # 定义 Series
In [6]: cnt = Counter(choujiang.sample(n=100,replace=True,weights=([99,1])))
In [7]: cnt
In [8]:a = np.zeros(1000)                                  # 产生一个长度为 1000 的数组
In [9]:for i in range(1000):
   ...: for j in range(7):
   ...:  a[i] = np.sum(choujiang.sample(n=100,replace=True,weights=
([99,1]))==" 一等奖 ")+a[i]
In [10]:pylab.hist(a,bins=18,density=0,edgecolor='black',facecolor='blue',
alpha=0.75)                                                # 画出直方图
In [11]:pylab.show()                                       # 显示直方图
```

```
In [12]:np.transpose(Counter(a))
array(Counter({7.0: 151, 6.0: 140, 8.0: 138, 5.0: 130, 9.0: 96, 4.0: 91,
10.0: 81, 3.0: 53, 11.0: 37, 12.0: 26, 2.0: 23, 13.0: 13, 14.0: 7, 1.0: 7,
15.0: 3, 0.0: 3, 18.0: 1}), dtype=object)
```

命令行 In[6] 的 sample 为 Pandas 随机抽样函数，replace=True 表示有放回的抽样；weights 表示取值权重；Counter 为 collections 中的函数，功能为计算 array 中不同值的取值个数。

命令行 In[9] 模拟了 1000 次 1% 中奖率的电子抽奖，把这个模拟重复 7 次，即为 1 周内的抽奖情况模拟。通过计算机模拟 1000 周的抽奖结果，就可以统计 1000 周里出现 5 次一等奖的周数。

命令行 In[10] 模拟 1000 周的抽奖情况，并计算抽中一等奖的次数，画出直方图。运行结果如图 6－13 所示，横轴表示出现一等奖的次数，纵轴表示周数。

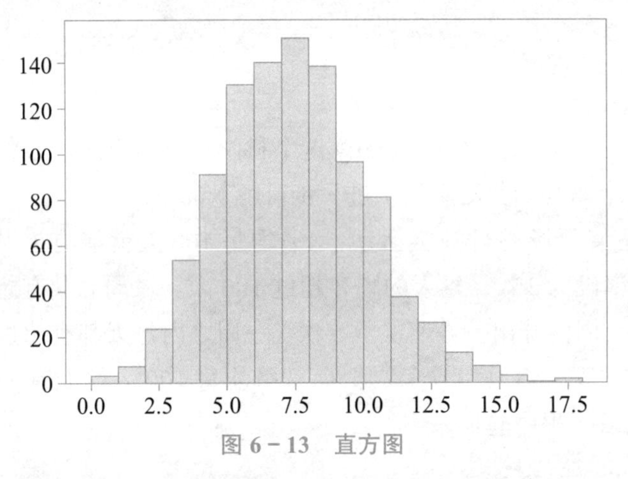


图 6－13　直方图

如图 6－13 所示即为中奖频率分布情况，可以看出，在 1000 周内，一周出现 5 次一等奖的情况一共有 130 周，占总体的 13%。如果设定出现 5 次算有诈，那么小于 5 次的也算有诈，占总体的 30%，概率过大。因此，1 周内开出 5 次一等奖不能认为抽奖有诈。

## 单元小结

本单元介绍了数据可视化的相关内容，主要包括 Matplotlib 基础知识，如 Figure、Subplot、颜色、刻度、线型、标记、标签、图例；绘图类型，如线型图、直方图、柱状图、散点图等。希望读者通过学习掌握可视化工具的使用，并能灵活地运用到数据分析中。

## 技能检测

### 一、填空题

1.（　　）是 Matplotlib 的一个对象，用于存放 Matplotlib 图像；可以将其理解为一张空白画布，能容纳图表的各种组件，如图例、坐标轴。

2. 通过命令（　　）将图像显示在屏幕上，会弹出一个空白窗口，这个窗口就是画布，可以在上面绘制图形。

3. 通常，我们会将画布分为多个绘图区域，每个区域是一个 Axes 对象，每个 Axes 拥有属于自己的坐标系，这个 Axes 称为（　　）。

4. add_subplot(a,b,c) 表示将 Figure 对象分割成 a 行 b 列，c 表示（　　）。

5. 通过 Figure 提供的方法（　　）可以修改子图间距。

6.（　　）用于确定 $x$ 轴刻度的数据范围。

7.（　　）用于给 $x$ 轴刻度命名。

8. 绘图是创建一些称为 patch 的块对象，要在图中添加一个图形，需创建一个块对象，然后通过（　　）添加到 subplot 中。

9. 注解可以通过 Figure 对象的（　　）输出在指定位置。

10. 利用 Figure 对象的方法可以将图表保存到文件中，如执行命令（　　）表示将当前图表命名为 fig，扩展名为 svg。

11. Matplotlib 使用（　　）绘制直方图。

12. Matplotlib 的（　　）用于绘制散点图。

13. 柱状图是常见的统计报告用图，Matplotlib 用于绘制柱状图的函数是（　　）。

14. 将 plot() 的参数 kind 设为（　　）即可绘制柱状图。

## 二、选择题

1. subplot(234) 表示将绘图区划分成（　　）。

   A. 2 行 3 列，4 用于指定当前子图　　B. 等价于 subplot(2，3，4)
   C. 234 个区域　　D. 语法错误

2. 函数 subplots() 可以返回（　　）个对象。

   A. 1　　B. 2　　C. 3　　D. 4

3. 间距与图像的高度和宽度有关，图像大小发生变化，距离（　　）。

   A. 也会随之变化　　B. 不变　　C. 以上都不对

4.（　　）用于确定 $x$ 轴刻度的数据范围。

   A. set_xticks()　　B. set_xticklabels()
   C. set_yticks()　　D. set_yticklabels()

5. subplot() 的参数（　　）表示矩阵的索引。

   A. nrows　　B. ncols　　C. index

## 三、判断题

1. figure() 函数的功能是创建一张新的空白画布。（　　）

2. 通常，我们会将画布分为多个绘图区域，每个区域是一个 Axes 对象，每个 Axes 拥有属于自己的坐标系，这个 Axes 称为子图。（　　）

3. add_subplot() 是 Figure 对象的方法，用于添加和指定当前子图。（　　）

4. 使用 add_subplot() 将 figure 对象划分为 4 个区域，即 4 个子图，4 个子图按行从左到右编号，左上角的子图的编号为 1，余下递增。（　　）

5. 函数 subplots() 可以返回两个对象：第一个是 Figure，第二个是 Axes 或数组。（　　）

6. 子图之间有一定的距离，而且 Matplotlib 也会在子图外围留下一定的距离。
（　　）

7. plt.plot(x,y,'b-') 表示在坐标（*x*，*y*）处画蓝色长虚线。（　　）

8. 添加图例使用 Figure 对象的方法 legend(loc='best')，参数 loc='best' 表示将图例放在最合适的位置。（　　）

9. savefig() 常用的参数是 dpi 和 bbox_inches，分别用于设置图像分辨率和剪除图表四周空白部分。（　　）

10. 直方图通过一系列高度不等的细长的矩形显示数据的分布情况，是对值频率进行离散化显示的柱状图。（　　）

**四、实践题**

1. 创建 4 个子图，第一个子图绘制 $y=x$ 的图像；第二个子图绘制 $y=x^2$ 的图像；第三个子图绘制 $y=\sin(x)$ 的图像；第四个子图绘制 $y=\log x$ 的图像。

2. 某班成绩表如下，请根据表中数据创建一个 Excel，然后读取该 Excel 中的数据，并以姓名为 *x* 轴、以各次作业成绩为 *y* 轴绘制条形图。

| 学号 | 姓名 | 第1次作业 | 第2次作业 | 第3次作业 | 第4次作业 | 第5次作业 | 第6次作业 | 第7次作业 | 第8次作业 | 第9次作业 | 第10次作业 |
|---|---|---|---|---|---|---|---|---|---|---|---|
| 2019022073 | 尹晓霜 | 95 | 95 | 75 | 90 | 95 | 80 | 100 | 70 | 0 | 0 |
| 2020022001 | 张旭 | 55 | 55 | 25 | 85 | 75 | 60 | 100 | 10 | 0 | 65 |
| 2020022002 | 徐阳 | 95 | 95 | 65 | 90 | 95 | 80 | 100 | 90 | 25 | 80 |
| 2020022003 | 李鸣 | 50 | 50 | 30 | 85 | 45 | 80 | 100 | 90 | 0 | 65 |
| 2020022004 | 郑泓迪 | 85 | 85 | 40 | 90 | 95 | 100 | 95 | 70 | 0 | 45 |
| 2020022005 | 韩闯 | 95 | 95 | 55 | 35 | 40 | 0 | 0 | 30 | 0 | 0 |
| 2020022006 | 张成闫 | 65 | 65 | 40 | 55 | 40 | 80 | 100 | 50 | 25 | 0 |
| 2020022007 | 曲可 | 95 | 95 | 35 | 85 | 45 | 0 | 0 | 0 | 0 | 0 |
| 2020022008 | 李猛 | 55 | 55 | 20 | 70 | 55 | 0 | 0 | 0 | 0 | 35 |
| 2020022009 | 翟宇彤 | 35 | 35 | 50 | 100 | 45 | 0 | 0 | 40 | 0 | 0 |
| 2020022010 | 陈子源 | 40 | 40 | 10 | 30 | 65 | 60 | 100 | 20 | 0 | 25 |
| 2020022011 | 吴宏达 | 55 | 55 | 35 | 85 | 45 | 60 | 100 | 10 | 0 | 65 |

# 单元 7 分组与聚合

## 单元导读

分组与聚合是数据分析常用的操作。在 Pandas 中，分组是指对数据按照某种条件划分为两个或多个组；聚合是对分组进行数据处理，最后组合。

本单元主要介绍 Pandas 分组的概念与规则，以及聚合与数据转换的相关操作。

## 学习重点

1. 分组的概念。
2. groupby() 函数的应用。
3. agg() 函数的应用。
4. transfrom() 函数的应用。
5. apply() 函数的应用。

## 素养提升

通过刻苦学习，加深对数据分析的认识，培养对专业知识和技能的认可度与专注度，进而提升在工作中解决实际问题的能力。

## 7.1 分组

7.1 分组

分组与聚合的过程分为三步：

拆分：将数据集按照标准拆分为若干组，Pandas 对象中的数据会按照一个或多个键拆分为多个组。拆分操作是在特定数轴进行的。

应用：将某个函数或方法应用到每个分组并产生一个新值。

合并：将产生的新值整合到结果对象中，结果对象的形式取决于对数据所执行的操作。

如图 7－1 所示为分组到聚合的完整过程，图中左侧键值包括 A、B、C，按照键值拆分为 3 组，然后对每组应用求和使其合并在一起。

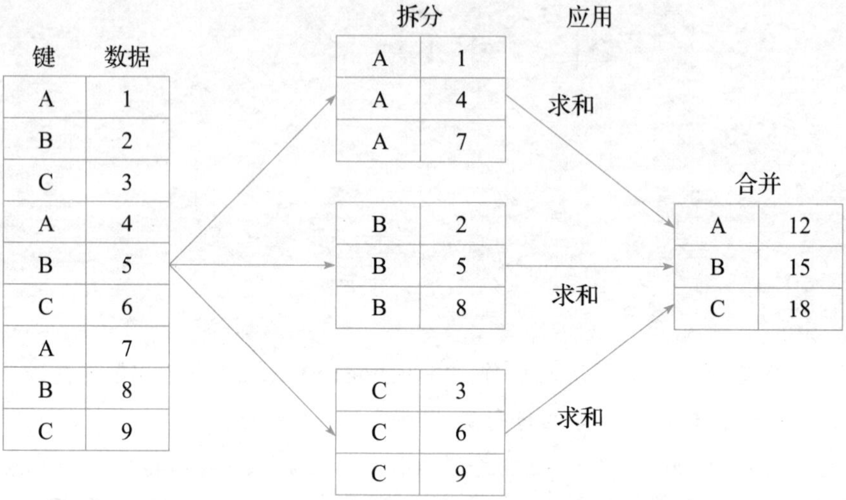

图 7－1　分组与聚合的过程

分组键有多种形式，且类型不同，可以是列表、数组、字典、Series、DataFrame 的某一个列名以及函数等。

Pandas 通过 groupby() 函数将数据集按照条件进行划分。groupby() 函数的参数见表 7－1。

表 7－1　groupby() 函数的参数

| 序号 | 类型 | 功能 |
| --- | --- | --- |
| 1 | by | 确定分组依据 |
| 2 | axis | 确定以哪个轴方向分组 |
| 3 | level | 如果某个轴是一个 MulIndex 对象，则会按特定级别或多个级别分组 |
| 4 | as_index | 取 True 时，聚合后的数据是以组标签作为索引的 DataFrame 对象输出 |
| 5 | sort | 为 True 时，对分组标签进行排序 |
| 6 | group_key | 为 False，可以禁止分组键所形成的索引，不会删去原始索引 |

### 7.1.1　按照列名分组

如案例 7－1 所示，命令行 In[3] 定义了如图 7－1 所示的 DataFrame 对象；命令行 In[5] 按照 key 键所在列分组操作，得到一个分组对象；该对象可以使用循环语句遍历，如命令行 In[7] 把 DataFrame 对象按照键值 A、B、C 分成三组，每组用小括号括起来，第一个用单引号括起来的字符或字符串为组名，本例各组分别命名为 'A'、'B'、'C'。

案例 7－1：按照列名分组。

```
In [1]: import pandas as pd
In [2]: import numpy as np
In [3]: df=pd.DataFrame({'key':['A','B','C','A','B','C','A','B','C'],
   ...:                 'Data':[1,4,7,2,5,8,3,6,9]})
In [4]: df
Out[4]:
  key  Data
0   A     1
1   B     4
2   C     7
3   A     2
4   B     5
5   C     8
6   A     3
7   B     6
8   C     9
In [5]: df.groupby(by='key')              # 按照 key 键所在列分组
Out[5]: <pandas.core.groupby.generic.DataFrameGroupBy object at 0x0000026C72EF8B80>
                                          # 得到一个 DataFrameGroup 对象
In [6]: gdf=df.groupby(by='key')          # 重新定义一个分组对象，供迭代使用
In [7]: for i in gdf:                     # 遍历 DataFrameGroup 对象
    ...:     print(i)
    ...:
('A',    key  Data
0   A     1
3   A     2
6   A     3)
('B',    key  Data
1   B     4
4   B     5
7   B     6)
('C',    key  Data
2   C     7
5   C     8
8   C     9)
```

### 7.1.2 按照给定的字典分组

如案例 7－2 所示，命令行 In[8] 定义了 5 行 5 列的 DataFrame 对象，命令行 In[10]

定义了一个字典，命令行 In[11] 按照给定的字典去分组，命令行 In[12] 迭代处理已分组的对象。

案例 7－2：按照字典分组。

```
In [8]: df=pd.DataFrame(np.random.randn(5,5),      # 定义 5 行 5 列 DataFrame
   ...:                    columns=['one','two','three','four','five'])
In [9]: df
Out[9]:
        one       two     three      four      five
0 -0.547912 -0.688525  1.107401  0.470076 -1.094440
1  1.244494  1.590121  2.087509 -0.431690 -1.814278
2 -2.316711  0.064816  1.547993  0.670911  0.954052
3  0.093439 -0.512542 -0.088869 -0.070343 -0.307485
4  1.469168 -1.024621  0.540603 -0.116385  0.408905
In [10]: dict={'one':'red','two':'red','three':'green', # 定义字典
   ...:              'four':'green','five':'red','six':'black'}
In [11]: dict_df=df.groupby(dict,axis=1)               # 按照给定字典分组
In [12]: for i in dict_df:                             # 迭代处理已分组的对象
   ...:     print(i)
   ...:
('green',     three      four
0          1.107401  0.470076
1          2.087509 -0.431690
2          1.547993  0.670911
3         -0.088869 -0.070343
4          0.540603 -0.116385)
('red',        one       two      five
0         -0.547912 -0.688525 -1.094440
1          1.244494  1.590121 -1.814278
2         -2.316711  0.064816  0.954052
3          0.093439 -0.512542 -0.307485
4          1.469168 -1.024621  0.408905)
```

### 7.1.3 按照给定的 Series 分组

将给定的 Series 作为分组键，Pandas 会检查 Series 以确保其索引与分组轴是对齐的。如案例 7－3 所示，命令行 In[13] 创建一个 5 行 5 列的 DataFrame；命令行 In[15] 创建 Series 用于分组；命令行 In[17] 按照 Series 分组操作；命令行 [18] 的运行结果是分为 a,b,c 三组，分组的原则是按照 Series 中 a 的索引为 0 和 3 对应 DataFrame 的索引 0 和 3，将 DataFrame 的 0 行和 3 行分为 a 组；同理，Series 中 b 的索引为 1 和 4 对应 DataFrame 的索引 1 和 4，将 DataFrame 的 1 行和 4 行分为 b 组；Series 中 c 的索引为 2

对应 DataFrame 的索引 2，将 DataFrame 的 1 行和 4 行分为 c 组。

案例 7－3：按照 Series 分组。

```
In [13]: df=pd.DataFrame({'k1':['A','B','B','A','B'],
    ...:                  'k2':['C','D','C','D','C'],
    ...:                  'd1':[1,2,3,4,5],
    ...:                  'd2':[5,6,7,8,9],
    ...:                  'd3':[10,11,12,13,14]})
In [14]: df
Out[14]:
  k1 k2  d1  d2  d3
0  A  C   1   5  10
1  B  D   2   6  11
2  B  C   3   7  12
3  A  D   4   8  13
4  B  C   5   9  14
In [15]: ser=pd.Series(['a','b','c','a','b'])     # 定义 Series 用于分组
In [16]: ser
Out[16]:
0    a
1    b
2    c
3    a
4    b
dtype: object
In [17]: group_df=df.groupby(by=ser)              # 按照 Series 分组
In [18]: for i in group_df:
    ...:     print(i)
    ...:
('a',   k1  k2  d1  d2  d3
    0   A   C   1   5  10
    3   A   D   4   8  13)
('b',   k1  k2  d1  d2  d3
    1   B   D   2   6  11
    4   B   C   5   9  14)
('c',   k1  k2  d1  d2  d3
    2   B   C   3   7  12)
```

### 7.1.4 按照给定的函数分组

同前面的几种分组策略相比，使用函数分组更具灵活性，所有用作分组键的函数都会在各索引值上被调用一次，按照函数返回值分组，并且使用函数返回值给分组命名。

如案例 7－4 所示，命令行 In[21] 使用了 len() 内置函数，该函数对所有的索引长度都做了计算，分组的原则是相同索引长度为一组，本例中将索引字符串长度相同的 Mon 和 Fri 分为一组，组名为 3；命令行 In[22] 列出迭代分组结果，每个分组以数字开头，这是索引值的字符串长度，并且是这个分组的名称。

案例 7－4：按照 Series 分组。

```
In [19]: df_f=pd.DataFrame({'k1':['A','B','B','A','B'],
    ...:                    'k2':['C','D','C','D','C'],
    ...:                    'd1':[1,2,3,4,5],
    ...:                    'd2':[5,6,7,8,9],
    ...:                    'd3':[10,11,12,13,14]},
    ...:                    index=['Mon','Tues','Wednes','Thurs','Fri'])
In [20]: df_f
Out[20]:
       k1 k2  d1  d2  d3
Mon     A  C   1   5  10
Tues    B  D   2   6  11
Wednes  B  C   3   7  12
Thurs   A  D   4   8  13
Fri     B  C   5   9  14
In [21]: gdf_f=df_f.groupby(len)                    # 按照索引值的长度分组
In [22]: for i in gdf_f:
    ...:     print(i)
    ...:
(3,          k1  k2  d1  d2  d3
    Mon      A   C   1   5  10
    Fri      B   C   5   9  14)
(4,          k1  k2  d1  d2  d3
    Tues     B   D   2   6  11)
(5,          k1  k2  d1  d2  d3
    Thurs    A   D   4   8  13)
(6,          k1  k2  d1  d2  d3
    Wednes  B   C   3   7  12)
```

### 7.1.5 按照索引级别分组

层次化索引可以通过 level 来处理分组。如案例 7－5 所示，命令行 In[26] 使用参数 level='columns1' 按照一层索引分组，共分为 A、B 两组。

案例 7－5：按照索引级别分组。

```
In [23]: DataFrame_index=pd.DataFrame(np.arange(16).reshape((4,4)),
```

```
   ...:         columns=[['A','A','B','B'],[1,2,3,4]])
In [24]: DataFrame_index.columns.names=['columns1','columns2']
In [25]:  DataFrame_index
Out[25]:
columns1    A        B
columns2    1   2    3   4
0           0   1    2   3
1           4   5    6   7
2           8   9   10  11
3          12  13   14  15
In [26]: gdf_index= DataFrame_index.groupby(level='columns1',axis=1)
In [27]: for i in gdf_index:
    ...:      print(i)
    ...:
('A', columns1    A
columns2    1   2
0           0   1
1           4   5
2           8   9
3          12  13)
('B', columns1    B
columns2    3   4
0           2   3
1           6   7
2          10  11
3          14  15)
```

## 7.2 聚合

7.2 聚合

聚合是指从数组产生标量值的数据转换过程。如求平均值、中位数、最大值等，这些操作的结果是一个数据集合，这种聚合操作称为聚合方法。

### 7.2.1 内置统计方法聚合数据

Groupby() 提供了经过优化的聚合方法，这些方法可提供高效的运算，具体见表 7－2。

表 7－2　groupby() 有关聚合的方法

| 序号 | 类型 | 功能 |
|---|---|---|
| 1 | count | 分组中非 NaN 值的数量 |
| 2 | sum | 非 NaN 值的和 |

续表

| 序号 | 类型 | 功能 |
| --- | --- | --- |
| 3 | mean | 非 NaN 值的平均值 |
| 4 | median | 非 NaN 值的算术中位数 |
| 5 | std | 无偏标准差，分母为 $n-1$ |
| 6 | var | 无偏方差，分母为 $n-1$ |
| 7 | min、max | 非 NaN 值的最小值、最大值 |
| 8 | prod | 非 NaN 值的积 |
| 9 | first、last | 第一个非 NaN 值、最后一个非 NaN 值 |

如案例 7-6 所示，在命令行 In[31] 对 DataFrame 对象按照 key 列分组，得到 a、b 两组；在命令行 In[31] 使用方法 max() 求得分组后每列数据的最大值；在命令行 In[32] 使用方法 mean() 求得分组后每列的平均值。

案例 7-6：按照索引级别分组。

```
In [28]:df=pd.DataFrame(np.arange(25).reshape((5,5)),
    ...:      columns=list('ababa'))
In [29]: df['key']=pd.Series(list('ababa'),name='key')
In [30]: df
Out[30]:
    a   b   a   b   a key
0   0   1   2   3   4   a
1   5   6   7   8   9   b
2  10  11  12  13  14   a
3  15  16  17  18  19   b
4  20  21  22  23  24   a
In [31]: for i in df.groupby('key'):          # 按照 key 列分组并迭代打印
    ...:     print(i)
    ...:
('a',      a   b   a   b   a key
       0   0   1   2   3   4   a
       2  10  11  12  13  14   a
       4  20  21  22  23  24   a)
('b',      a   b   a   b   a key
       1   5   6   7   8   9   b
       3  15  16  17  18  19   b)
In [32]: df.groupby('key').max()             # 求分组之后每列的最大值
Out[32]:
      a   b   a   b   a
key
```

```
a     20   21   22   23   24
b     15   16   17   18   19

In [33]: df.groupby('key').mean()             # 求分组之后每列的平均值
Out[33]:
       a    b    a    b    a
key
a     10   11   12   13   14
b     10   11   12   13   14
```

### 7.2.2 面向列的聚合函数

对 Pandas 对象的聚合运算除了可使用内置方法，还可以使用自定义函数，好处是可以针对不同列使用不同函数，或一次使用多个函数。在 Pandas 中使用 agg() 或 aggregate() 实现聚合运算，agg() 是 aggregate() 的别名。使用 agg() 时，自定义函数或内置方法作为 agg() 或 aggregate() 的参数。agg() 或 aggregate() 函数的参数见表 7－3。

表 7－3 agg() 或 aggregate() 函数的参数

| 序号 | 类型 | 功能 | 传递格式 | 样例 |
| --- | --- | --- | --- | --- |
| 1 | func | 用于汇总数据的功能。如果是函数，则必须在传递给 DataFrame 或 DataFrame.apply 时起作用，可以接受函数 | 函数，str，列表或字典 | [np.sum,'mean'] |
| 2 | axis | 如果为 0 或 'index'，则将函数应用于每一列；如果为 1 或 '列'，则将函数应用于每一行 | {0 或 'index'，1 或 'columns'}，默认为 0 | 1 |

#### 1. agg() 参数及返回值

agg() 返回的数据类型一般为标量值、Series 和 DataFrame 三种。如案例 7－7 所示，命令行 In[35] 使用 Series 调用 agg() 返回一个标量值；命令行 In[38] 使用 DataFrame 调用 agg() 返回一个 Series；命令行 In[39] 使用 DataFrame 调用 agg() 传入多个内置方法返回一个 DataFrame；命令行 In[40] 使用 DataFrame 调用 agg() 对每列作用多个内置方法返回一个 DataFrame；命令行 In[41] 使用 DataFrame 调用 agg() 对每列作用一个内置方法返回一个 DataFrame。

案例 7－7：agg() 的返回值。

```
In [34]: ser=pd.Series([1,2,3])        # 定义一个 Series
In [35]: pd.Series([1,2,3]).agg(sum) # 返回一个标量值
Out[35]:
```

```
6
In [36]: df=pd.DataFrame([[1,2,3],[4,5,6],[7,8,9],
    ...:        [np.nan,np.nan,np.nan]],columns=['A','B','C'])
In [37]: df
Out[37]:
     A    B    C
0  1.0  2.0  3.0
1  4.0  5.0  6.0
2  7.0  8.0  9.0
3  NaN  NaN  NaN
In [38]: df.agg(sum)                          # 传入一个内置方法，返回一个 Series
Out[38]:
A    12.0
B    15.0
C    18.0
dtype: float64
In [39]: df.agg(['max','min'])                # 传入多个内置方法，返回一个 DataFrame
Out[39]:
       A    B    C
max  7.0  8.0  9.0
min  1.0  2.0  3.0
In [40]: df.agg({'A':['sum','max'],'B':['min','max']})
Out[40]:                        # 对 A、B 列分别作用两个内置方法，返回一个 DataFrame
        A    B
sum  12.0  NaN
max   7.0  8.0
min   NaN  2.0
In [41]: df.agg(x=('A',max),y=('B',min),z=('C',sum))
Out[41]:                        # 对每列分别作用一个内置方法，返回一个 DataFrame
     A    B     C
x  7.0  NaN   NaN
y  NaN  2.0   NaN
z  NaN  NaN  18.0
```

**2. groupby() 的 agg() 用法**

如案例 7－8 所示，命令行 In[42] 构造的一个 DataFrame；命令行 In[44] 按照姓名分组，groupby() 的结果是一个个 DataFrame，所以针对 groupby() 后的 agg() 的用法就是 DataFrame.agg() 的用法；命令行 In[46] 传入列表的形式作用于每一列；命令行 In[47] 传入字典分别作用于各列。

**案例 7－8：** groupby() 的 agg() 用法。

```
In [42]: df=pd.DataFrame({'Name':['Wanghui','Wanghui','Zhulei',
```

```
   ...:         'Zhulei','Yinjinhui','Sunxuelian','Wanghui','Zhulei'],
   ...:         'Score':[96,95,97,90,98,97,96,90],
   ...:         'Year':[2019,2020,2019,2020,2019,2019,2018,2017]})
In [43]: df
Out[43]:
         Name  Score  Year
0     Wanghui     96  2019
1     Wanghui     95  2020
2      Zhulei     97  2019
3      Zhulei     90  2020
4   Yinjinhui     98  2019
5  Sunxuelian     97  2019
6     Wanghui     96  2018
7      Zhulei     90  2017
In [44]: df_group=df.groupby(['Name'])
In [45]: df_group.apply(lambda x:print(x))
         Name  Score  Year
5  Sunxuelian     97  2019
         Name  Score  Year
0     Wanghui     96  2019
1     Wanghui     95  2020
6     Wanghui     96  2018
        Name  Score  Year
4  Yinjinhui     98  2019
        Name  Score  Year
2     Zhulei     97  2019
3     Zhulei     90  2020
7     Zhulei     90  2017
Out[45]:
Empty DataFrame
Columns: []
Index: [] 返回 DataFrame
In [46]: df_group.agg(['min','max'])                          # 列表传入参数
Out[46]:
           Score     Year
         min max   min   max
Name
Sunxuelian   97  97  2019  2019
Wanghui      95  96  2018  2020
Yinjinhui    98  98  2019  2019
Zhulei       90  97  2017  2020
In [47]: df_group.agg({'Score':['min','max','mean'],        # 字典传入参数
```

```
   ...:            'Year':['min','max']})
Out[47]:
              Score              Year
              min max      mean   min   max
Name
Sunxuelian     97  97  97.000000  2019  2019
Wanghui        95  96  95.666667  2018  2020
Yinjinhui      98  98  98.000000  2019  2019
Zhulei         90  97  92.333333  2017  2020
```

**3. 使用自定义函数**

使用 agg() 进行聚合运算时可以传入自定义函数。如案例 7－9 所示，定义一个用于计算每个分组的最大值减去最小值的函数，然后将自定义函数作为参数传入 agg() 中，使每个分组都可执行该自定义函数。

案例 7－9：group() 的 agg() 用法。

```
In [48]: def max_min_group(arr):
    ...:     return arr.max()-arr.min()
In [49]: df_group.agg(max_min_group)
Out[49]:
            Score  Year
Name
Sunxuelian      0     0
Wanghui         1     2
Yinjinhui       0     0
Zhulei          7     3
```

## 7.3 分组级运算和转换

7.3 分组级运算和转换

聚合是分组运算的一个类别，是数据转换的特例，通过聚合可以将一维数组简化为标量值函数。Pandas 提供的一些操作可应用到分组运算中。本节将介绍 transform() 和 apply() 方法，它们能够执行更多的分组运算。

### 7.3.1 数据转换

采用 agg() 方法聚合时，返回的数据形状与被分组数据集形状不同，如果希望保持与原数据集形状相同，可以使用 transform() 方法。transform() 方法能够对整个 DataFrame 的所有元素进行操作。transform() 方法只有一个参数 func，表示对 DataFrame 操作的函数。

如案例 7－10 所示，在命令行 In[51] 使用 transform() 对 DataFrame 的所有元素处理一次，使每个元素都乘以 2；这里还使用了 lambda 函数，该函数是可以接受任意多个参数，并返回单个表达式的匿名函数，lambda 函数比较轻便，即用即删除。命令行 In[52] 实现对 DataFrame 按照 Name 分组后使用 transform() 对同组数据求最大值，本例中对同组的 Score 和 Year 分别求最大值。

案例 7－10：transform() 的用法。

```
In [50]: df
Out[50]:
        Name  Score  Year
0    Wanghui     96  2019
1    Wanghui     95  2020
2     Zhulei     97  2019
3     Zhulei     90  2020
4  Yinjinhui     98  2019
5 Sunxuelian     97  2019
6    Wanghui     96  2018
7     Zhulei     90  2017
In [51]: df['Score'].transform(lambda x:2*x)      #transform()操作每个元素
Out[51]:
0    192
1    190
2    194
3    180
4    196
5    194
6    192
7    180
Name: Score, dtype: int64
In [52]: df_group.transform(lambda x:(x.max()))  #transform()操作分组对象
Out[52]:
   Score  Year
0     96  2020
1     96  2020
2     97  2020
3     97  2020
4     98  2019
5     97  2019
6     96  2020
7     97  2020
```

### 7.3.2 数据应用

对某些分组，既不能用 agg() 聚合，也不能用 transform() 转换。对此，可以使用 apply()

方法，apply() 方法类似于 agg() 方法，能够将函数应用于每一列。不同之处在于，agg() 传入的函数能够对不同字段应用不同函数，进而得到不同结果；而 apply() 则不可以。apply() 函数的参数见表 7-4。

表 7-4　apply() 函数的参数

| 序号 | 类型 | 功能 |
|---|---|---|
| 1 | func | 接收函数，表示应用每行或每列的函数 |
| 2 | axis | 接收 0 或 1，代表操作的轴向 |
| 3 | broadcast | 接收布尔型，表示是否进行广播 |
| 4 | raw | 接收布尔型，表示是否将 ndarray 对象传递给函数，默认 False |
| 5 | reduce | 接收布尔型或 None，表示返回值的格式，默认 None |

apply() 方法的使用方式和 agg() 方法相同，如案例 7-11 的命令行 In[53] 所示，通过使用 apply() 方法将内置方法应用于分组前的每一列，然后在命令行 In[54] 对分组后的不同字段使用内置方法。

案例 7-11：apply() 的用法。

```
In [53]: df[['Score','Year']].apply(np.min)   # 将内置方法应用于分组前的各列
Out[53]:
Score      90
Year     2017
dtype: int64
In [54]: df_group.apply(np.min)                # 将内置方法应用于分组后的各列
Out[54]:
                  Name  Score  Year
Name
Sunxuelian  Sunxuelian     97  2019
Wanghui        Wanghui     95  2018
Yinjinhui    Yinjinhui     98  2019
Zhulei          Zhulei     90  2017
```

## 7.4 案例——学生信息的分组与聚合

7.4 案例——学生信息的分组与聚合

本案例对已有的学生信息表进行分组与聚合操作，对信息进行有效处理可得到更清晰的数据。具体内容包括：统计计算机与控制工程学院所有同学的平均年龄、身高、体重；统计计算机与控制工程学院男同学的年龄、身高、体重的极差值。

明确了需求之后，首先要准备好数据，数据存储在“学生信息表 .csv”中，如图 7－2 所示。

| | A | B | C | D | E | F | G | H |
|---|---|---|---|---|---|---|---|---|
| 1 | 姓名 | 性别 | 出生年份 | 年龄 | 身高 | 体重 | 年级 | 学院 |
| 2 | 代斌 | 男 | 2001 | 21 | 180 | 70 | 2019 | 计算机与控制工程学院 |
| 3 | 刁博 | 男 | 2001 | 21 | 171 | 70 | 2019 | 外语学院 |
| 4 | 杜云鹏 | 男 | 2003 | 19 | 177 | 69 | 2021 | 教育学院 |
| 5 | 范芙榕 | 女 | 1999 | 23 | 164 | 60 | 2018 | 计算机与控制工程学院 |
| 6 | 高歌 | 女 | 2001 | 21 | 155 | 45 | 2019 | 法学院 |
| 7 | 顾键 | 男 | 2002 | 20 | 178 | 75 | 2020 | 法学院 |
| 8 | 关新星 | 男 | 2003 | 19 | 175 | 67 | 2021 | 计算机与控制工程学院 |
| 9 | 何妍 | 女 | 2003 | 19 | 166 | 50 | 2021 | 通信学院 |
| 10 | 侯毅奇 | 男 | 2001 | 21 | 173 | 69 | 2019 | 教育学院 |
| 11 | 纪慧硕 | 男 | 2003 | 19 | 170 | 59 | 2021 | 法学院 |
| 12 | 兰皓岩 | 男 | 2002 | 20 | 174 | 70 | 2020 | 通信学院 |
| 13 | 郎旭佳 | 女 | 2001 | 21 | 166 | 54 | 2019 | 法学院 |
| 14 | 李烙莛 | 男 | 2003 | 19 | 180 | 78 | 2021 | 外语学院 |
| 15 | 梁宇昕 | 女 | 2001 | 21 | 163 | 47 | 2019 | 通信学院 |

图 7－2　学生信息表

表中包含了学生的相关信息，但是并没有明确分类。因此，如果想获取计算机与控制工程学院学生的信息，就需要先分组，再计算，具体操作如下：

```
In [1]: import pandas as pd
In [2]: data1=open('学生信息表.csv')  # 读取学生信息表.csv 文件中的内容
In [3]: data2=pd.read_csv(data1)
In [4]: data2
Out[4]:
      姓名   性别  出生年份  年龄  身高  体重  年级        学院
0     代 斌   男    2001    21   180   70   2019  计算机与控制工程学院
1     刁 博   男    2001    21   171   70   2019       外语学院
2     杜云鹏  男    2003    19   177   69   2021       教育学院
3     范芙榕  女    1999    23   164   60   2018  计算机与控制工程学院
4     高 歌   女    2001    21   155   45   2019        法学院
5     顾 键   男    2002    20   178   75   2020        法学院
..     ...    ..    ...    ..   ...   ..    ...         ...
33    张凯松  男    2003    19   168   60   2021  计算机与控制工程学院
34    张益民  男    2001    21   179   71   2019  计算机与控制工程学院
35    赵 凯   男    2003    19   172   71   2021       通信学院
36    祝 蕾   女    2002    20   158   46   2020  计算机与控制工程学院
37    庄鑫宇  男    2003    19   172   65   2021  计算机与控制工程学院
In [5]: data_group=data2.groupby('学院')   # 按学院一列进行分组
In [6]: data2_jk=dict([x for x in data_group])['计算机与控制工程学院']
# 输出计算机与控制工程学院分组信息
In [7]: data2_jk
Out[7]:
      姓名   性别  出生年份  年龄  身高  体重  年级        学院
0     代 斌   男    2001    21   180   70   2019  计算机与控制工程学院
3     范芙榕  女    1999    23   164   60   2018  计算机与控制工程学院
```

```
6    关新星   男   2003  19  175  67  2021  计算机与控制工程学院
20   牛明镜   男   2001  21  182  68  2019  计算机与控制工程学院
23   孙雪莲   女   2002  20  161  53  2020  计算机与控制工程学院
24   孙熠博   男   2003  19  165  55  2021  计算机与控制工程学院
25   王 慧   女   2001  21  160  50  2020  计算机与控制工程学院
30   王忠旭   男   2000  22  169  64  2018  计算机与控制工程学院
32   尹金慧   女   2002  20  162  48  2020  计算机与控制工程学院
33   张凯松   男   2003  19  168  60  2021  计算机与控制工程学院
34   张益民   男   2001  21  179  71  2019  计算机与控制工程学院
36   祝 蕾   女   2002  20  158  46  2020  计算机与控制工程学院
37   庄鑫宇   男   2003  19  172  65  2021  计算机与控制工程学院
In [8]: groupby_sex=data2_jk.groupby('性别')
#按性别一列进行分组，并使用聚合方法求年龄、身高、体重的平均值
In [9]: groupby_sex.mean()
Out[9]:
        年龄      身高     体重
性别
女     20.800  161.00  51.4
男     20.125  173.75  65.0
In [10]: jk_male=dict([x for x in groupby_sex])['男']
#查看计算机与控制工程学院男生的分组
In [11]: jk_male
Out[11]:
      姓名  性别  出生年份  年龄  身高  体重  年级       学院
0    代 斌   男   2001  21  180  70  2019  计算机与控制工程学院
6    关新星   男   2003  19  175  67  2021  计算机与控制工程学院
20   牛明镜   男   2001  21  182  68  2019  计算机与控制工程学院
24   孙熠博   男   2003  19  165  55  2021  计算机与控制工程学院
30   王忠旭   男   2000  22  169  64  2018  计算机与控制工程学院
33   张凯松   男   2003  19  168  60  2021  计算机与控制工程学院
34   张益民   男   2001  21  179  71  2019  计算机与控制工程学院
37   庄鑫宇   男   2003  19  172  65  2021  计算机与控制工程学院
In [12]: def range_data_group(arr):  #定义求数据极差的函数
    ...:     return arr.max()-arr.min()
    ...: jk_male.agg({'年龄':range_data_group,'身高':range_data_group,'体重':range_data_group})  #调用agg()方法传入定义的求数据极差函数，计算年龄、身高、体重的极差值
Out[12]:
年龄     3
身高    17
体重    16
dtype: int64
```

命令行 In[1] ～ In[4] 用 Pandas 的 read_csv() 函数读取“学生信息表 .csv”文件中的数据；命令行 In[5] ～ In[7] 通过列表推导式和 groupby() 方法输出表中计算机与控制工程学院的分组信息；命令行 In[8] 根据“性别”再次分组，命令行 In[9] 使用 mean() 方法求“年龄”、“身高”和“体重”的平均值；命令行 In[10] ～ In[11] 同样采用列表推导式查看计算机与控制工程学院男生的分组；命令行 In[12] 定义了极差函数 range_data_group，接着调用 agg() 方法传入极差函数，用于计算“年龄”、“身高”和“体重”的极差值。

## 单元小结

本单元介绍了分组与聚合的基础知识，主要包括分组与聚合的原理、分组操作、聚合操作等。希望读者通过对本单元的学习，能够掌握数据分组与聚合运算的方法，为数据分析实战奠定基础。

## 技能检测

### 一、填空题

1.（　　）是指将数据集按照标准拆分为若干组。

2.（　　）是指将某个函数或方法应用到每个分组并产生一个新值。

3.（　　）是指将产生的新值整合到结果对象中，结果对象的形式取决于对数据所执行的操作。

4. Pandas 通过（　　）方法将数据集按照条件进行划分。

5. 将给定的 Series 作为分组键，Pandas 会检查 Series 以确保其（　　）与分组轴是对齐的。

6.（　　）是指能够从数组产生标量值的数据转换过程。

7.（　　）函数比较轻便，即用即删除。

8.（　　）函数是可以接受任意多个参数，并返回单个表达式的匿名函数。

9. 采用（　　）方法聚合时，返回的数据形状与被分组数据集形状不同。

10. 如果希望保持与原数据集形状相同，可以使用（　　）方法。

### 二、选择题

1. 阅读如下命令：

```
dict={'one':'red','two':'red','three':'green','four':'green'}
dict_df=df.groupby(dict,axis=1)
```

分析该分组属于（　　）

A. 字典分组　　B. 列表分组　　C. 按 Series 分组　　D. 按函数分组

2. 阅读如下命令：

```
df=pd.DataFrame({'key':['A','B','C','A','B','C','A','B','C'],'Data':
```

```
[1,4,7,2,5,8,3,6,9]})
   df.groupby(by='key')
```

分析该分组属于（　　）

A. 按列名分组　　B. 字典分组　　C. 按轴分组　　D. 按行分组

3. 阅读如下命令：

```
   df=pd.DataFrame({'k1':['A','B','B','A','B'],'k2':['C','D','C','D','C'],
'd1':[1,2,3,4,5], 'd2':[5,6,7,8,9],'d3':[10,11,12,13,14]})
   ser=pd.Series(['a','b','c','a','b'])
   group_df=df.groupby(by=ser)
```

分析该分组属于（　　）

A. 字典分组　　B. 列表分组　　C. 按 Series 分组　　D. 按函数分组

4. 阅读如下命令：

```
   df_f=pd.DataFrame({'k1':['A','B','B','A','B'],'k2':['C','D','C','D','C'],
'd1':[1,2,3,4,5],'d2':[5,6,7,8,9],'d3':[10,11,12,13,14]},index=['Mon','Tues',
'Wednes','Thurs','Fri'])
   gdf_f=df_f.groupby(len)
```

分析该分组属于（　　）

A. 按函数分组　　B. 按 Series 分组　　C. 字典分组　　D. 列表分组

5. 阅读如下命令：

```
   DataFrame_index=pd.DataFrame(np.arange(16).reshape((4,4)),columns=[['A',
'A','B','B'],[1,2,3,4]])
   DataFrame_index.columns.names=['columns1','columns2']
   gdf_index= DataFrame_index.groupby(level='columns1',axis=1)
```

分析该分组属于（　　）

A. 按函数分组　　B. 按 Series 分组

C. 按索引级别分组　　D. 字典分组

## 三、判断题

1. Pandas 对象中的数据会按照一个或多个键拆分为多个组，拆分操作是在特定数轴进行的。（　　）

2. 分组键有多种形式，且类型不同，可以是列表、数组、字典、Series、DataFrame 的某一个列名以及函数等。（　　）

3. 利用 groupby() 分组时，如果某个轴是一个 MulIndex 对象，则会按特定级别或多个级别分组，需设置 axis。（　　）

4. 将给定的 Series 作为分组键，Pandas 会检查 Series 以确保其索引与分组轴是对齐的。（　　）

5. 使用函数分组更具灵活性，所有用作分组键的函数都会在各索引值上被调用一次，按照函数返回值分组，并且使用函数返回值给分组命名。 （  ）

6. 使用 len() 内置函数分组时，每个分组以数字开头，这是索引值的字符串长度，并且是这个分组的名称。 （  ）

7. 层次化索引可以通过 level 来处理分组，需要设置参数 level。 （  ）

8. 聚合是指能够从数组产生标量值的数据转换过程。 （  ）

9. 通过聚合可以将一维数组简化为标量值函数。 （  ）

10. apply() 方法类似于 agg() 方法，能够将函数应用于每一列。 （  ）

## 四、应用题

请根据下图给出的信息完成操作：

| 学号 | 姓名 | 第1次作业 | 第2次作业 | 第3次作业 | 第4次作业 | 第5次作业 | 第6次作业 | 第7次作业 | 第8次作业 | 第9次作业 | 第10次作业 |
|---|---|---|---|---|---|---|---|---|---|---|---|
| 2019022073 | 尹晓霜 | 95 | 95 | 75 | 90 | 95 | 80 | 100 | 70 | 0 | 0 |
| 2020022001 | 张旭 | 55 | 55 | 25 | 85 | 75 | 60 | 100 | 10 | 0 | 65 |
| 2020022002 | 徐阳 | 95 | 95 | 65 | 90 | 95 | 80 | 100 | 90 | 25 | 80 |
| 2020022003 | 李鸣 | 50 | 50 | 30 | 85 | 45 | 80 | 100 | 90 | 0 | 65 |
| 2020022004 | 郑泓迪 | 85 | 85 | 40 | 90 | 95 | 100 | 95 | 70 | 0 | 45 |
| 2020022005 | 韩闯 | 95 | 95 | 55 | 35 | 40 | 0 | 0 | 30 | 0 | 0 |
| 2020022006 | 张成闫 | 65 | 65 | 40 | 55 | 40 | 80 | 100 | 50 | 25 | 0 |
| 2020022007 | 曲可 | 95 | 95 | 35 | 85 | 45 | 0 | 0 | 0 | 0 | 0 |
| 2020022008 | 李猛 | 55 | 55 | 20 | 70 | 55 | 0 | 0 | 0 | 0 | 35 |
| 2020022009 | 翟宇彤 | 35 | 35 | 50 | 100 | 45 | 0 | 0 | 40 | 0 | 0 |
| 2020022010 | 陈子源 | 40 | 40 | 10 | 30 | 65 | 60 | 100 | 20 | 0 | 25 |

图　学生作业信息

1. 求单次作业成绩最高的所有同学。

2. 计算作业平均值。

3. 求作业成绩不及格的同学。

4. 按照第一次成绩分组，成绩大于等于 60 分的为一组，小于 60 分的为一组。

# 单元 8 时间序列

## 单元导读

时间序列是在多个时间点观察或测量任何事件形成的关于时间值的序列。一般情况下，这些事件出现的时间呈现一定规律。时间序列根据具体应用场景可分为时间戳、固定时间和时间间隔 3 种情况。

本单元主要介绍时间序列的基本操作、固定时间频率、时间周期及其计算、重采样和移动窗口。

## 学习重点

1. datetime 模块的应用。
2. Timestamp 对象的应用。
3. Date_range 函数的应用。
4. shift 方法的应用。
5. DateTimeIndex 对象的应用。
6. asfreq 方法的应用。
7. resample 方法的应用。
8. rolling 方法的应用。

## 素养提升

在对大数据进行分析的过程中注意对过去与未来进行科学评估，培养关注事物发展趋势的意识，树立全局观和大局意识。

## 8.1 日期和时间

8.1 日期和时间

Python 标准库包含日期、时间数据和日历等数据类型。主要涉及 datetime、time 和 calendar 模块，其中 datetime 模块用得最多。datetime.datetime 通常简写为 datetime，导入 datetime 时可使用命令 from datetime import datetime。datetime 模块的数据类型见表 8－1。

表 8－1　datetime 模块的数据类型

| 序号 | 类型 | 功能 |
| --- | --- | --- |
| 1 | date | 存储日期 |
| 2 | time | 存储时间格式为时、分、秒、毫秒 |
| 3 | datetime | 日期和时间 |
| 4 | timedelta | 两个 datetime 值的差，格式为日、秒、毫秒 |

datatime 的用法如案例 8－1 所示，先导入 datetime 模块，接着使用 datetime 分别显示当前的时间、年份、月份以及位于当月的第几天，并在命令行 In[6] 计算两个日期的时间差，并以天数和秒数作为合算为单位。对于 datetime 所定义的时间，可以在最后一个参数中加上 deltatime() 所给定的数值，如命令行 In[12] 所示。

案例 8－1：自动生成索引。

```
In [1]: from datetime import datetime        # 导入 datetime
In [2]: datetime.now()                       # 显示当前时间
Out[2]: datetime.datetime(2021, 12, 7, 9, 37, 16, 194503)
In [3]: datetime.now().year                  # 显示当前年份
Out[3]: 2021
In [4]: datetime.now().month                 # 显示当前月份
Out[4]: 12
In [5]: datetime.now().day                   # 显示当月第几天
Out[5]: 7
In [6]: datetime(2021,12,7)                  # 存储日期
Out[6]: datetime.datetime(2021, 12, 7, 0, 0)
In [6]: dalta=datetime(2021,12,7)-datetime(2021,12,1,10,10)
In [7]: dalta                                # 计算两个日期的时间差，单位为天和秒
Out[7]: datetime.timedelta(days=5, seconds=49800)
In [8]: dalta.days                           # 显示天数
Out[8]: 5
In [9]: dalta.seconds                        # 显示秒数
Out[9]: 49800
Out[10]: from datetime import timedelta      # 导入 timedelta
```

```
In [11]: start=datetime(2017,12,7)            # 定义一个时间
In [12]: start+timedelta(10)          # 将 timedelta 指定的数加到最后一个参数上
Out[12]: datetime.datetime(2017, 12, 17, 0, 0)
```

## 8.2 时间序列操作

8.2 时间序列操作

### 8.2.1 创建时间序列

在 Pandas 中，时间戳使用 Series 派生的子类 Timestamp 对象表示。如案例 8－2 所示，在命令行 In[16] 建立以 datetime 为索引的 Series。实质上，命令行 In[14] 定义的 datetime 对象是放在一个 DatetimeIndex 中的，这样，time_series 就成为 TimeSeries，就可以像 Series 一样进行算术运算，如命令行 In[18] 和 In[19] 所示；还可以通过下标运算得到 Pandas 的时间戳对象，如命令行 In[20] 所示。可以通过 to_datetime() 函数将 datetime 转换为 Timestamp 对象，如命令行 In[21] 所示。

案例 8－2：时间序列运算。

```
In [13]: import pandas as pd                              # 导入 Pandas
In [14]: date=[datetime(2021,12,1),datetime(2021,12,2),
   ...:       datetime(2021,12,3),datetime(2021,12,4),
   ...:       datetime(2021,12,5),datetime(2021,12,6)]
In [15]: date
Out[15]:
[datetime.datetime(2021, 12, 1, 0, 0),
 datetime.datetime(2021, 12, 2, 0, 0),
 datetime.datetime(2021, 12, 3, 0, 0),
 datetime.datetime(2021, 12, 4, 0, 0),
 datetime.datetime(2021, 12, 5, 0, 0),
 datetime.datetime(2021, 12, 6, 0, 0)]
In [16]: time_series=pd.Series([1,2,3,4,5,6],index=date)# 以 date 为索引
In [17]: time_series                                      # 建立 Series
Out[17]:
2021-12-01    1
2021-12-02    2
2021-12-03    3
2021-12-04    4
2021-12-05    5
2021-12-06    6
dtype: int64
In [18]: time_series+time_series[::2]          #Series 不同索引时间序列算术运算
Out[18]:
```

```
2021-12-01     2.0
2021-12-02     NaN
2021-12-03     6.0
2021-12-04     NaN
2021-12-05    10.0
2021-12-06     NaN
dtype: float64
In [19]: time_series*2                         #Series 不同索引时间序列算术运算
Out[19]:
2021-12-01     2
2021-12-02     4
2021-12-03     6
2021-12-04     8
2021-12-05    10
2021-12-06    12
dtype: int64
In [20]: time_series.index[0]                  # 取 DatetimeIndex 中的标量值
Out[20]: Timestamp('2021-12-01 00:00:00')
In [21]: pd.to_datetime('20211207')            # 将 datetime 转换为时间戳
Out[21]: Timestamp('2021-12-07 00:00:00')
```

也可以创建以时间戳为索引的 DataFrame，如案例 8－3 所示。

案例 8－3：创建以时间戳为索引的 DataFrame。

```
In [23]: data=np.arange(18).reshape(6,3)
In [24]: time_df=pd.DataFrame(data,date)
In [25]: time_df
Out[25]:
             0   1   2
2021-12-01   0   1   2
2021-12-02   3   4   5
2021-12-03   6   7   8
2021-12-04   9  10  11
2021-12-05  12  13  14
2021-12-06  15  16  17
```

### 8.2.2 通过时间戳索引选取子集

#### 1. 选取 Series 子集

由于 TimeSeries 是 Serie 的子类，所以在索引及数据选取方面它们的操作是相同的。最简单的选取子集的方式是直接使用位置索引获取数据，如案例 8－4 的命令行 [28] 所示；也可以使用表示日期的字符串进行查找，如命令行 [29] 所示；对于较长的时间序列，可以年或年月查找更方便，如命令行 [30]、命令行 [31] 所示；命令行 [32] 则是按照时间序列中的时间戳切片确定查找范围；此外，还可以使用 truncate(), 如命令行 [33] 截掉了 2021-12-04 之前的数据，命令行 [34] 截掉了 2021-12-04 之后的数据。

案例 8－4：选取 Series 子集。

```
In [27]: time_series
Out[27]:
2021-12-01    1
2021-12-02    2
2021-12-03    3
2021-12-04    4
2021-12-05    5
2021-12-06    6
dtype: int64
In [28]: time_series[3]                              # 使用位置索引
Out[28]: 4
In [29]: time_series['2021-12-05']                   # 使用日期字符串选取
Out[29]: 5
In [30]: time_series['2021']                         # 使用年份选取
Out[30]:
2021-12-01    1
2021-12-02    2
2021-12-03    3
2021-12-04    4
2021-12-05    5
2021-12-06    6
dtype: int64
In [31]: time_series['2021-12']                      # 使用月份选取
Out[31]:
2021-12-01    1
2021-12-02    2
2021-12-03    3
2021-12-04    4
2021-12-05    5
2021-12-06    6
dtype: int64
In [32]: time_series['12/02/2021':'12/05/2021']   # 切片查找
Out[32]:
2021-12-02    2
2021-12-03    3
2021-12-04    4
2021-12-05    5
```

```
dtype: int64
In [33]: time_series.truncate(before='2021-12-04')# 截掉 12-04 之前的数据
Out[33]:
2021-12-04    4
2021-12-05    5
2021-12-06    6
dtype: int64
In [34]: time_series.truncate(after='2021-12-04')# 截掉 12-04 之后的数据
Out[34]:
2021-12-01    1
2021-12-02    2
2021-12-03    3
2021-12-04    4
dtype: int64
```

**2. 选取 DataFrame 子集**

对 Series 的操作同样适用于 DataFrame，如案例 8－5 所示为对 DataFrame 进行索引。

**案例 8－5：** 选取 DataFrame 子集。

```
In [35]: time_df.loc['2021-12-05']                      # 选取具体某一天
Out[35]:
0    12
1    13
2    14
Name: 2021-12-05 00:00:00, dtype: int32
In [36]: time_df.loc['2021-12']                         # 选取月份数据
Out[36]:
             0   1   2
2021-12-01   0   1   2
2021-12-02   3   4   5
2021-12-03   6   7   8
2021-12-04   9  10  11
2021-12-05  12  13  14
2021-12-06  15  16  17
In [37]: time_df.loc['2021']                            # 选取年份数据
Out[37]:
             0   1   2
2021-12-01   0   1   2
2021-12-02   3   4   5
2021-12-03   6   7   8
2021-12-04   9  10  11
2021-12-05  12  13  14
2021-12-06  15  16  17
```

```
In [38]: time_df.loc['2021-12-02':'2021-12-05']    # 选取切片数据
Out[38]:
             0   1   2
2021-12-02   3   4   5
2021-12-03   6   7   8
2021-12-04   9  10  11
2021-12-05  12  13  14
```

## 8.3 固定频率时间序列

8.3 固定频率时间序列

Pandas 的时间序列是不规则的，没有固定频率，但是会出现每日、每月、每年、每周、每隔多长时间的工作情况。为此，Pandas 提供了整套标准时间序列频率以及关于重采样、频率推断、生成固定频率日期范围的工具。

在 Pandas 中有一个函数 date_range()，用于生成一个具有固定频率的 DatetimeIndex 对象。date_range() 函数的参数见表 8－2。

表 8－2 date_range() 函数的参数

| 序号 | 参数 | 功能 |
| --- | --- | --- |
| 1 | start | 起始日期，默认 None |
| 2 | end | 结束日期，默认 None |
| 3 | periods | 产生时间戳索引值的数量 |
| 4 | freq | 时间频率，如 5H 表示每隔 5 小时 |
| 5 | tz | 时区名 |
| 6 | normalize | 为 True 时，会将 start 和 end 转化为 0 点之后产生时间索引 |
| 7 | name | 给返回时间序列索引命名 |
| 8 | closed | 确定区间 [start,end] 是否包含端点：等于 left 时表示左闭右开，等于 right 时表示右闭左开，None 为闭区间 |

### 8.3.1 生成日期范围

Pandas.date_range 可用于生成指定长度的 DatetimeIndex。如案例 8－6 所示，命令行 In[39] 按日生成区间内日期索引；命令行 In[41] 产生起始日期开始的连续 5 日的日期索引；命令行 In[42] 产生到结束日期的连续 5 日的日期索引；命令行 In[43] 产生起始日期开始的连续 5 个星期日；命令行 In[44] 产生在指定时区内的起始日期开始的连续 5 个星期日。

案例 8－6：生成日期范围。

```
In [39]: DTI=pd.date_range('2021-12-01','2021-12-8')
In [40]: DTI
Out[40]:
DatetimeIndex(['2021-12-01', '2021-12-02', '2021-12-03', '2021-12-04',
               '2021-12-05', '2021-12-06', '2021-12-07', '2021-12-08'],
              dtype='datetime64[ns]', freq='D')
In [41]: pd.date_range(start='2021-12-01',periods=5) # 设定时间天数为 5
Out[41]:
DatetimeIndex(['2021-12-01', '2021-12-02', '2021-12-03', '2021-12-04',
               '2021-12-05'],
              dtype='datetime64[ns]', freq='D')
In [42]: pd.date_range(end='2021-12-01',periods=5)    # 设定时间天数为 5
Out[42]:
DatetimeIndex(['2021-11-27', '2021-11-28', '2021-11-29', '2021-11-30',
               '2021-12-01'],
              dtype='datetime64[ns]', freq='D')
In [43]: pd.date_range(start='2021-12-01',periods=5,freq='W-SUN')
Out[43]:                                         # 设定参数 freq 为 W-SUN
DatetimeIndex(['2021-12-05', '2021-12-12', '2021-12-19', '2021-12-26',
               '2022-01-02', ],
              dtype='datetime64[ns]', freq='W-SUN')
In [44]: pd.date_range(start='2021-12-01',periods=5,freq='W-SUN',
   ...:                tz='Asia/Hong_kong')          # 指定时区
Out[44]:
DatetimeIndex(['2021-12-05 00:00:00+08:00', '2021-12-12 00:00:00+08:00',
               '2021-12-19 00:00:00+08:00', '2021-12-26 00:00:00+08:00',
               '2022-01-02 00:00:00+08:00', ],
              dtype='datetime64[ns, Asia/Hong_Kong]', freq='W-SUN')
```

### 8.3.2 频率和日期偏移量

Pandas 中的频率用一个乘数和基础频率组成，基础频率通常用一个字符串的别名表示，如 5H 表示 5 小时，10D 表示 10 天。时间序列的基础频率见表 8－3。

表 8－3 时间序列的基础频率

| 序号 | 别名 | 偏移量 | 功能 |
|---|---|---|---|
| 1 | D | Day | 每天 |
| 2 | H | Hour | 每小时 |

续表

| 序号 | 别名 | 偏移量 | 功能 |
|---|---|---|---|
| 3 | B | BusinessDay | 每工作日 |
| 4 | T 或 min | Minute | 每分钟 |
| 5 | S | Second | 每秒钟 |
| 6 | L 或 ms | Milli | 每毫秒 |
| 7 | U | Micro | 每微秒 |
| 8 | M | MonthEnd | 每月最后一日 |
| 9 | BM | BussinessMonthEnd | 每月最后工作日 |
| 10 | MS | MonthBegin | 每月第一日 |
| 11 | BMS | BussinessMonthBegin | 每月第一工作日 |
| 12 | W-MON、W-TUE... | Week | 从指定 MON、TUE、WED、THU、FRI、SAT、SUN 开始的每周 |
| 13 | WOM-1MON、WOM-2MON... | WeekOfMonth | 从每月第几周的周几，如 WOM-4TUE 表示每月第四个周二 |
| 14 | Q-JAN、Q-FEB... | QuarterEnd | 以月份 JAN、FEB、MAR、APR、MAY、JUN、JUL、AUG、SEP、OCT、NOV、DEC 结束的年度，每季度最后一个月的最后一日 |
| 15 | BQ-JAN、BQ-FEB... | BussinessQuarterEnd | 对于指定月份结束的年度，每季度最后一个月的最后工作日 |
| 16 | QS-JAN、QS-FEB... | QuarterBegin | 对于指定月份结束的年度，每季度最后一个月的日历日 |
| 17 | BQS-JAN、BQS-FEB... | BussinessQuarterBegin | 对于指定月份结束的年度，每季度最后一个月的第一个工作日 |
| 18 | A-JAN、A-FEB... | YearEnd | 每年指定月份的最后一个日历日 |
| 19 | BA-JAN、BA-FEB... | BussinessYearEnd | 每年指定月份的最后一个工作日 |
| 20 | AS-JAN、AS_FEB... | YearBegin | 每微指定月份的第一个日历日 |
| 21 | BAS-JAN、BAS-FEB... | BussinessYearBegin | 每年指定月份的第一个工作日 |

别名的使用可参见案例 8-7。命令行 In[45] 创建了一个固定频率的 DatetimeIndex 对象，从起始日期开始每 4 个小时采集一次数据。

案例 8-7：生成日期范围。

```
In [45]: pd.date_range('12/1/2021','12/2/2021',freq='4h')
```

```
Out[45]:
DatetimeIndex(['2021-12-01 00:00:00', '2021-12-01 04:00:00',
               '2021-12-01 08:00:00', '2021-12-01 12:00:00',
               '2021-12-01 16:00:00', '2021-12-01 20:00:00',
               '2021-12-02 00:00:00'],
              dtype='datetime64[ns]', freq='4H')
```

另外，每个基础频率都有一个日期偏移量的对象与之对应，这个偏移量称为DateOffset。例如，创建 DateOffset 对象需导入 pd.tseries.offsets 模块，如案例 8－8 所示。

案例 8－8：偏移量。

```
In [46]: from pandas.tseries.offsets import *          # 导入 offsets
In [47]: Hour(4)                                       # 小时偏移量
Out[47]: <4 * Hours>
In [48]: Hour(2)+Minute(40)                            # 分钟偏移量与小时偏移量拼接
Out[48]: <160 * Minutes>
In [49]: Day(1)+Hour(2)+Minute(40)                     # 日偏移量与其他偏移量拼接
Out[49]: <1600 * Minutes>
In [50]: Week(1)+Day(1)+Hour(2)+Minute(40)             # 周偏移量与其他偏移量拼接
Out[50]: Timedelta('8 days 02:40:00')
```

### 8.3.3 移动数据

移动指的是沿着时间轴将数据前移或后移。Series 和 DataFrame 都有一个 shift 方法用于执行单纯的前移或后移操作，并保持索引不变。如案例 8－9 所示，命令行 [53]、命令行 [54] 分别是对命令行 Out[52] 的数据前移和后移的操作结果。

案例 8－9：数据移动。

```
In [51]: ts=pd.Series(np.arange(4),
    ...: index=pd.date_range('2021-1-1',periods=4,freq='M'))
In [52]: ts
Out[52]:
2021-01-31    0
2021-02-28    1
2021-03-31    2
2021-04-30    3
Freq: M, dtype: int32
In [53]: ts.shift(2)              # 数据前移
Out[53]:
2021-01-31    NaN
2021-02-28    NaN
2021-03-31    0.0
```

```
2021-04-30    1.0
Freq: M, dtype: float64
In [54]: ts.shift(-2)          # 数据后移
Out[54]:
2021-01-31    2.0
2021-02-28    3.0
2021-03-31    NaN
2021-04-30    NaN
Freq: M, dtype: float64
```

由于移动数据有可能导致数据丢失，因此也可以移动时间戳，设定好频率参数即可，如案例 8－10 所示。

案例 8－10：时间戳移动。

```
In [55]: ts.shift(2,freq='M')          # 按月移动 2 次
Out[55]:
2021-03-31    0
2021-04-30    1
2021-05-31    2
2021-06-30    3
Freq: M, dtype: int32
In [56]: ts.shift(2,freq='D')          # 按天移动 2 次
Out[56]:
2021-02-02    0
2021-03-02    1
2021-04-02    2
2021-05-02    3
dtype: int32
In [57]: ts.shift(2,freq='30T')        # 移动 30 分钟 2 次，即移动 60 分钟
Out[57]:
2021-01-31 01:00:00    0
2021-02-28 01:00:00    1
2021-03-31 01:00:00    2
2021-04-30 01:00:00    3
dtype: int32
```

## 8.4 时间周期及算术运算

8.4 时间周期及算术运算

### 8.4.1 时间周期运算

在 Pandas 中，Period 类表示标准时间段，如某年、某月、某日、某

时，其构造函数需要用到一个字符串或整数，以及表 8-3 所示的频率。时间周期的应用如案例 8-11 所示，命令行 In[58] 创建从 2021 年 1 月 1 日到 2021 年 12 月 31 日时间段的 Period 对象；命令行 In[60] 和 In[61] 使用整数对 Period 对象分别做加法和减法并得出时间位移；命令行 In[62] 表示两个 Period 对象只要频率相同就可以进行算术运算；命令行 In[63] 创建一个以月份为频率的 Period 对象，并且在命令行 In[64] 作为 Pandas 对象的轴索引。

案例 8-11：时间周期及运算。

```
In [58]: p=pd.Period(2021,freq='A-Dec')        # 创建 Period 对象
In [59]: p
Out[59]: Period('2021', 'A-DEC')               #Period 对象表示 2021 全年时间段
In [60]: p+2                                   # 时间段加法，进行时间段移位
Out[60]: Period('2023', 'A-DEC')
In [61]: p-2                                   # 时间段减法，进行时间段移位
Out[61]: Period('2019', 'A-DEC')
In [62]: pd.Period(2025,'A-Dec')-p             # 两个 Period 对象做加法
Out[62]: <4 * YearEnds: month=12>              # 减法得到时间段差
          dtype='period[M]', freq='M')
In [63]: rng=pd.period_range('1/1/2021','7/31/2021',freq='M')
In [64]: rng                                   # 创建 PeriodIndex 对象
Out[64]:
PeriodIndex(['2021-01', '2021-02', '2021-03', '2021-04', '2021-05',
              '2021-06','2021-07'],
             dtype='period[M]', freq='M')
In [65]: pd.Series(np.arange(7),index=rng)
Out[65]:                                       # 构建一个以 rng 为索引的 Series
2021-01    0
2021-02    1
2021-03    2
2021-04    3
2021-05    4
2021-06    5
2021-07    6
Freq: M, dtype: int32
```

### 8.4.2 频率转换

对象 Period 和 PeriodIndex 可以通过 Pandas 提供的 asfreq() 方法按周期频率来转换时间，如月份与年份相互转换、年份与季度相互转换。asfreq() 函数的参数见表 8-4。

表 8－4　asfreq() 函数的参数

| 序号 | 参数 | 功能 |
| --- | --- | --- |
| 1 | freq | 表示计时单位，可以是字符串或 DateOffset 对象 |
| 2 | how | 仅对于 PeriodIndex 对象使用，取值 start 或 end，默认 end |
| 3 | normalize | 布尔型，默认 False，表示是否将时间索引重置为午夜 |
| 4 | fill_value | 用于填充缺失值的值，在升采样期间使用 |

频率转换过程如案例 8－12 所示，命令行 In[66] 创建以时间轴为索引的 Series；命令行 In[68] 使用频率 B 转换为每月工作日开始日期；命令行 In[69] 使用频率 B 转换为每月工作日结束日期。其余情况读者可以自己练习。

案例 8－12：频率转换。

```
In [66]: ts=pd.Series(np.arange(7),index=rng)
In [67]: ts
Out[67]:
2021-01    0
2021-02    1
2021-03    2
2021-04    3
2021-05    4
2021-06    5
2021-07    6
Freq: M, dtype: int32
In [68]: ts.asfreq('B',how='start')
Out[68]:
2021-01-01    0
2021-02-01    1
2021-03-01    2
2021-04-01    3
2021-05-03    4
2021-06-01    5
2021-07-01    6
Freq: B, dtype: int32
In [69]: ts.asfreq('B',how='end')
Out[69]:
2021-01-29    0
2021-02-26    1
2021-03-31    2
2021-04-30    3
2021-05-31    4
```

```
2021-06-30    5
2021-07-30    6
Freq: B, dtype: int32
```

## 8.5 重采样

8.5 重采样

重采样指的是将时间序列从一个频率转换为另一个频率的处理过程。将高频率数据聚合到低频率称为降采样，将低频率数据转换为高频率称为升采样。此外，还有一类采样既不属于降采样也不属于升采样，如将周三转换为周四。

Pandas 提供的 resample() 函数能够对常规时间序列数据重新采样，并进行频率转换，其参数见表 8－5。

表 8－5　resample() 函数的参数

| 序号 | 参数 | 功能 |
| --- | --- | --- |
| 1 | freq | 表示重采样频率的字符串 |
| 2 | how | 用于产生聚合值的函数名或函数数组 |
| 3 | closed | 设置降采样的哪个端点是闭合区间 |
| 4 | fill_method | 表示升采样时如何插值，如 ffil、bfill、None |
| 5 | label | 表示降采样时设置聚合值的标签 |
| 6 | convention | 重采样日期时，低频转高频的约定 |
| 7 | limit | 在前向或后向填充时，允许填充的最大时间周期数 |
| 8 | axis | 重采样的轴 |
| 9 | loffset | 面元标签的时间校正值 |
| 10 | kind | 聚合到日期或时间戳，默认聚合到时间序列的索引类型 |

如案例 8－13 所示，命令行 In[70] 先定义 DatetimeIndex，然后在命令行 In[71] 定义一个以 DatetimeIndex 为索引的 Series，该 Series 采样按天计算，共计有 100 天的数据；命令行 In[73] 按月求平均值，时间戳为每月的最后一天；命令行 In[74] 按周求得平均值，时间戳为每周一。

案例 8－13：重采样。

```
In [70]: rng=pd.date_range('2021-1-1',periods=100,freq='D')
In [71]: ts=pd.Series(np.arange(len(rng)),index=rng)
In [72]: ts
```

```
Out[72]:
2021-01-01     0
2021-01-02     1
2021-01-03     2
2021-01-04     3
2021-01-05     4
              ..
2021-04-06    95
2021-04-07    96
2021-04-08    97
2021-04-09    98
2021-04-10    99
Freq: D, Length: 100, dtype: int32
In [73]: ts.resample('M').mean()                # 按月求平均值
Out[73]:
2021-01-31    15.0
2021-02-28    44.5
2021-03-31    74.0
2021-04-30    94.5
Freq: M, dtype: float64
In [74]: ts.resample('W-MON').mean()            # 按周求平均值，时间戳为每周一
Out[74]:
2021-01-04     1.5
2021-01-11     7.0
2021-01-18    14.0
2021-01-25    21.0
2021-02-01    28.0
2021-02-08    35.0
2021-02-15    42.0
2021-02-22    49.0
2021-03-01    56.0
2021-03-08    63.0
2021-03-15    70.0
2021-03-22    77.0
2021-03-29    84.0
2021-04-05    91.0
2021-04-12    97.0
Freq: W-MON, dtype: float64
```

### 8.5.1 降采样

将有频率或无频率数据聚合到低频率是一项非常普通的时间序列处理任务。例如，

按天统计变成按周统计、按月统计，需要将数据划分到多个时间段。各时间段都是半开半闭的区间，因此在使用 resample() 对数据采样时，要考虑各区间哪边是闭合的，各区间如何标记。

如案例 8－14 所示，命令行 In[75] 定义了以分钟为频率的 DatetimeIndex；命令行 In[77] 以刚定义的 DatetimeIndex 为索引建立 Series；命令行 In[79] 以 5 分钟的增量定义区间，默认情况是左边界闭合；命令行 In[80] 和 In[81] 以 5 分钟的增量定义区间，分别设定左区间闭合和右区间闭合。

案例 8－14：降采样。

```
In [75]: rng=pd.date_range('2021-12-10 10:00:00',periods=12,freq='T')
In [76]: rng
Out[76]:
DatetimeIndex(['2021-12-10 10:00:00', '2021-12-10 10:01:00',
               '2021-12-10 10:02:00', '2021-12-10 10:03:00',
               '2021-12-10 10:04:00', '2021-12-10 10:05:00',
               '2021-12-10 10:06:00', '2021-12-10 10:07:00',
               '2021-12-10 10:08:00', '2021-12-10 10:09:00',
               '2021-12-10 10:10:00', '2021-12-10 10:11:00'],
              dtype='datetime64[ns]', freq='T')
In [77]: ts=pd.Series(np.arange(12),index=rng)
In [78]: ts
Out[78]:
2021-12-10 10:00:00     0
2021-12-10 10:01:00     1
2021-12-10 10:02:00     2
2021-12-10 10:03:00     3
2021-12-10 10:04:00     4
2021-12-10 10:05:00     5
2021-12-10 10:06:00     6
2021-12-10 10:07:00     7
2021-12-10 10:08:00     8
2021-12-10 10:09:00     9
2021-12-10 10:10:00    10
2021-12-10 10:11:00    11
Freq: T, dtype: int32
In [79]: ts.resample('5T').sum()
Out[79]:
2021-12-10 10:00:00    10
2021-12-10 10:05:00    35
2021-12-10 10:10:00    21
```

```
Freq: 5T, dtype: int32
In [80]: ts.resample('5T',closed='left').sum()
Out[80]:
2021-12-10 10:00:00    10
2021-12-10 10:05:00    35
2021-12-10 10:10:00    21
Freq: 5T, dtype: int32
In [81]: ts.resample('5T',closed='right').sum()
Out[81]:
2021-12-10 09:55:00     0
2021-12-10 10:00:00    15
2021-12-10 10:05:00    40
2021-12-10 10:10:00    11
Freq: 5T, dtype: int32
```

### 8.5.2 OHLC 采样

在金融领域存在一种关于股票数据的 OHLC 采样，该采样包括开盘价（open）、最高价（high）、最低价（low）和收盘价（close）。可以通过 Pandas 提供的 ohlc() 函数得到这些统计数据，如案例 8－15 所示。

案例 8－15：OHLC 采样。

```
In [82]: ts.resample('5T').ohlc()
Out[82]:
                    open  high  low  close
2021-12-10 10:00:00    0     4    0      4
2021-12-10 10:05:00    5     9    5      9
2021-12-10 10:10:00   10    11   10     11
```

### 8.5.3 groupby 采样

使用 groupby() 也可以实现降采样，只需按照时间序列进行分组，且时间频率降低也可达到降采样的目的，如案例 8－16 所示。

案例 8－16：使用 groupby() 降采样。

```
In [83]: rng=pd.date_range('2021-1-1',periods=100,freq='D')
In [84]: ts=pd.Series(np.arange(100),index=rng)
In [85]: ts.groupby(lambda x:x.month).mean()
Out[85]:
1    15.0
2    44.5
```

```
3    74.0
4    94.5
dtype: float64
In [86]: ts.groupby(lambda x:x.weekday).mean()
Out[86]:
0    48.5
1    49.5
2    50.5
3    51.5
4    49.0
5    50.0
6    47.5
dtype: float64
```

### 8.5.4 升采样

前面讲解的采样都是由高频转换为低频，属于降采样，数据会发生聚合。而将数据从低频向高频转换，则不需要数据聚合。案例 8－17 所示为升采样，命令行 In[88] 创建了自 2021 年 12 月 1 日以来的 2 个周日的时间序列索引，并在命令行 In[89] 以时间序列索引为行索引建立 DataFrame；命令行 In[91] 使用 resample() 和 asfreq() 将数据转换为指定频率，这里按照 D 转换，但是新插入的日期对应的数据会出现 NaN。为了将 NaN 值用数据填充，可通过 ffill() 和 bfill() 实现取空值前面或后面的数值，实现前向或后向填充，如命令行 [92] 和 [93] 所示。

案例 8－17：升采样。

```
In [87]: data=np.arange(8).reshape((2,4))
In [88]: date=pd.date_range('2021-12-1',periods=2,freq='W-SUN')
In [89]: time_df=pd.DataFrame(data,index=date,
   ...:            columns=['A','B','C','D'])
In [90]: time_df
Out[90]:
            A  B  C  D
2021-12-05  0  1  2  3
2021-12-12  4  5  6  7
In [91]: time_df.resample('D').asfreq()       # 使用 asfreq() 将数据转换为指定频率
Out[91]:
              A    B    C    D
2021-12-05  0.0  1.0  2.0  3.0
2021-12-06  NaN  NaN  NaN  NaN
2021-12-07  NaN  NaN  NaN  NaN
2021-12-08  NaN  NaN  NaN  NaN
```

```
2021-12-09   NaN   NaN   NaN   NaN
2021-12-10   NaN   NaN   NaN   NaN
2021-12-11   NaN   NaN   NaN   NaN
2021-12-12   4.0   5.0   6.0   7.0
In [92]: time_df.resample('D').ffill()       #前向填充
Out[92]:
             A  B  C  D
2021-12-05   0  1  2  3
2021-12-06   0  1  2  3
2021-12-07   0  1  2  3
2021-12-08   0  1  2  3
2021-12-09   0  1  2  3
2021-12-10   0  1  2  3
2021-12-11   0  1  2  3
2021-12-12   4  5  6  7
In [93]: time_df.resample('D').bfill()       #后向填充
Out[93]:
             A  B  C  D
2021-12-05   0  1  2  3
2021-12-06   4  5  6  7
2021-12-07   4  5  6  7
2021-12-08   4  5  6  7
2021-12-09   4  5  6  7
2021-12-10   4  5  6  7
2021-12-11   4  5  6  7
2021-12-12   4  5  6  7
```

## 8.6 移动窗口函数

8.6 移动窗口函数

移动窗口是指单位长度的滑块在时间轴上移动，形成一个时间区间序列，这些时间区间序列的长度都是滑块的长度。这样，便可在每个移动窗口上进行各种统计。Pandas 提供的窗口函数 rooling() 能够实现移动窗口，其参数见表 8－6。

表 8－6 rolling() 函数的参数

| 序号 | 参数 | 功能 |
|---|---|---|
| 1 | window | 表示窗口大小 |
| 2 | min_periods | 每个窗口包含的最少观测值数量 |
| 3 | center | 窗口标签是否居中 |
| 4 | win_type | 窗口类型 |

续表

| 序号 | 参数 | 功能 |
| --- | --- | --- |
| 5 | on | 对 DataFrame 指定计算滑动窗口的列 |
| 6 | axis | 表示滑动轴向 |
| 7 | closed | 定义区间的开闭 |

如案例 8－18 所示，为了直观展示应用了移动窗口与未应用移动窗口的区别，命令行 In[94] 先导入绘图工具包，命令行 In[95] 创建从 2021 年 12 月 1 日开始到 2021 年 12 月 2 日结束的 24 小时内以分钟为频率的时间序列索引 time；命令行 In[97] 创建以 time 为索引的 Series；命令行 In[99] 创建一个 100 分钟的移动窗口；命令行 In[101] 对移动窗口求平均值；为确定是否使用滑块，命令行 In[101] 对原数据使用红色虚线描绘；命令行 In[102] 对滑块经过的数据用黑色线描绘，运行结果如图 8－1 所示。

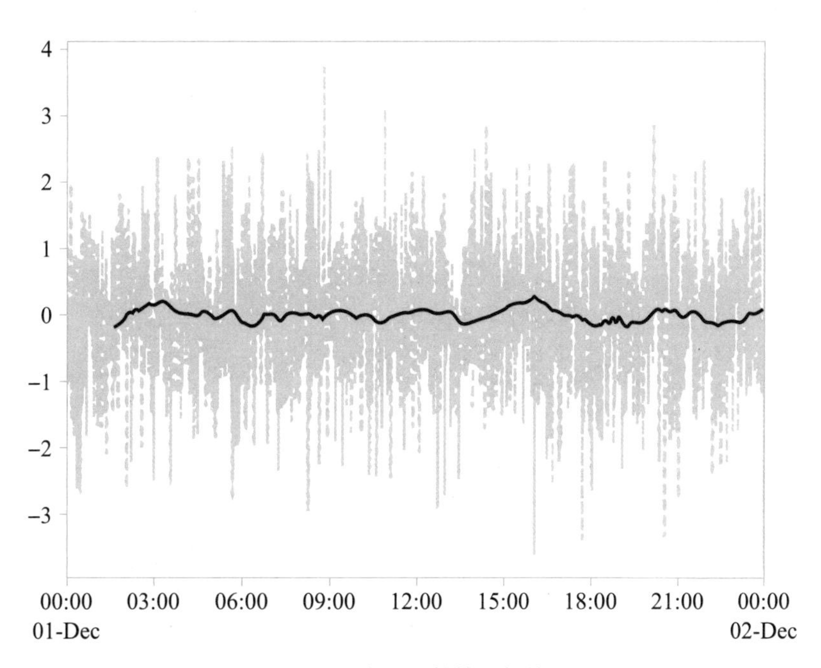


图 8－1　窗口函数的运行结果

案例 8－18：移动窗口。

```
In [94]: import matplotlib.pyplot as plt
In [95]: time=pd.date_range('2021-12-1','2021-12-2',freq='T')
In [96]: data=np.random.randn(1441)
In [97]: ser=pd.Series(data,time)
In [98]: ser
Out[98]:
2021-12-01 00:00:00    0.160191
```

```
2021-12-01 00:01:00     0.109153
2021-12-01 00:02:00    -1.055861
2021-12-01 00:03:00     1.052853
2021-12-01 00:04:00    -0.985299
                          ...
2021-12-01 23:56:00    -0.785029
2021-12-01 23:57:00    -0.090542
2021-12-01 23:58:00    -1.169443
2021-12-01 23:59:00    -0.565723
2021-12-02 00:00:00    -1.062172
Freq: T, Length: 1441, dtype: float64
In [99]: roll_win=ser.rolling(window=100)
In [100]: roll_win
Out[100]: Rolling [window=100,center=False,axis=0]
In [101]: roll_win.mean()                         # 对窗口函数求平均值
Out[101]:
2021-12-01 00:00:00          NaN
2021-12-01 00:01:00          NaN
2021-12-01 00:02:00          NaN
2021-12-01 00:03:00          NaN
2021-12-01 00:04:00          NaN
                          ...
2021-12-01 23:56:00     0.041118
2021-12-01 23:57:00     0.045152
2021-12-01 23:58:00     0.040936
2021-12-01 23:59:00     0.050475
2021-12-02 00:00:00     0.053445
Freq: T, Length: 1441, dtype: float64
In [102]: ser.plot(style='r--')                   # 对原数据绘制红色虚线
Out[102]: <AxesSubplot:>
In [103]: ser.rolling(window=10).mean().plot(style='b') # 对窗口数据
Out[103]: <AxesSubplot:>                          # 绘制黑色虚线
In [104]: plt.show()                              # 显示图片
```

## 8.7 案例——2010 年某市天气情况分析

8.7 案例——2010 年某市天气情况

通过前面的学习，相信大家对时间序列已经有了基本的认识，本节将通过一个天气情况分析的案例来进一步讲解时间序列的应用。

本案例要分析的是 2010 年 3 ～ 11 月某市的天气数据，目的是对该市 2010 年的天气数据形成科学、直观的认识。先读取 Weather.csv 文件中的数据，并转换成 DataFrame 对象，然后输出结果中默认的行索引更改为时间索引，再用图表展示最高气温的变化趋势，最后更改采样的频率使图表更平滑。

明确了需求之后，首先要准备好数据，数据保存在 Weather.csv 中，如图 8－2 所示。

| | A | B | C | D | E | F | G | H |
|---|---|---|---|---|---|---|---|---|
| 1 | 日期 | 星期 | 日出时间 | 日落时间 | 最高气温℃ | 最低气温℃ | 白天天气 | 夜间天气 |
| 2 | 20100328 | 星期日 | 5:31 | 18:07 | 1 | -10 | 晴 | 晴 |
| 3 | 20100329 | 星期一 | 5:29 | 18:08 | 2 | -2 | 晴 | 晴 |
| 4 | 20100330 | 星期二 | 5:27 | 18:10 | 3 | -2 | 晴 | 多云 |
| 5 | 20100331 | 星期三 | 5:25 | 18:11 | 6 | -3 | 多云 | 雨夹雪 |
| 6 | 20100401 | 星期四 | 5:25 | 18:11 | 6 | -4 | 多云 | 晴 |
| 7 | 20100402 | 星期五 | 5:25 | 18:11 | 6 | -5 | 多云 | 晴 |
| 8 | 20100403 | 星期六 | 5:19 | 18:15 | 5 | -5 | 晴 | 多云 |
| 9 | 20100404 | 星期日 | 5:17 | 18:17 | 6 | -5 | 晴 | 阵雪 |
| 10 | 20100405 | 星期一 | 5:15 | 18:18 | 7 | -7 | 晴 | 晴 |
| 11 | 20100406 | 星期二 | 5:13 | 18:19 | 8 | -4 | 晴 | 晴 |
| 12 | 20100407 | 星期三 | 5:11 | 18:21 | 12 | 3 | 晴 | 多云 |
| 13 | 20100408 | 星期四 | 5:09 | 18:22 | 13 | -4 | 晴 | 阴 |
| 14 | 20100409 | 星期五 | 5:07 | 18:24 | 10 | -5 | 晴 | 阴 |
| 15 | 20100410 | 星期六 | 5:05 | 18:25 | 5 | -6 | 晴 | 晴 |
| 16 | 20100411 | 星期日 | 5:03 | 18:26 | 6 | -6 | 晴 | 多云 |
| 17 | 20100412 | 星期一 | 5:01 | 18:28 | 4 | -6 | 多云 | 雨夹雪 |
| 18 | 20100413 | 星期二 | 5:00 | 18:30 | 5 | -7 | 多云 | 多云 |
| 19 | 20100414 | 星期三 | 4:57 | 18:31 | 6 | -6 | 晴 | 多云 |
| 20 | 20100415 | 星期四 | 4:53 | 18:31 | 7 | -7 | 晴 | 晴 |

图 8－2　2010 年天气记录文件

具体操作如下：

```
# 导入要使用的包
In [1]: import pandas as pd
In [2]: from datetime import datetime
In [3]: import matplotlib.pyplot as plt
# 导入统计模型 ARIMA 与相关函数
In [4]: from statsmodels.tsa.arima_model import ARIMA
In [5]: from statsmodels.graphics.tsaplots import plot_acf,plot_pacf
# 解决 matplotlib 显示中文的问题并指定默认字体
In [6]: plt.rcParams['font.sans-serif']=['SimHei']
# 解决保存图像是负号 '-' 显示为方块的问题
In [7]: plt.rcParams['axes.unicode_minus']=False
# 读取天气数据
In [8]: data_path=open(r'Weather.csv')
In [9]: data1=pd.read_csv(data_path)
In [10]:data1
Out[10]:
        日期      星期    日出时间   日落时间   最高气温/℃   最低气温/℃   白天天气   夜间天气
0    20100328   星期日    5:31      18:07      1.0         -10          晴        晴
1    20100329   星期一    5:29      18:08      2.0          -2          晴        晴
2    20100330   星期二    5:27      18:10      3.0          -2          晴        多云
3    20100331   星期三    5:25      18:11      6.0          -3          多云      雨夹雪
4    20100401   星期四    5:25      18:11      6.0          -4          多云      晴
..        ...     ...      ...        ...      ...          ...         ...       ...
```

```
225  20101108  星期一  6:37   16:18   5.0      -9     多云    晴
226  20101109  星期二  6:39   16:16   4.0      -8     多云    晴
227  20101110  星期三  6:40   16:15   3.0      -6     多云   小雪
228  20101111  星期四  6:42   16:14   2.0      -8      阴    小雪
229  20101112  星期五  6:43   16:12   3.0      -7      阴    多云
[230 rows x 8 columns]
# 将 '日期' 列设置为行索引
In [11]: dates=pd.to_datetime(data1['日期'].values,format='%Y%m%d')
In [12]: data1=data1.set_index(dates)
In [13]: data1
Out[13]:
                  日期     星期   日出时间  日落时间  最高气温/℃  最低气温/℃  白天天气  夜间天气
2010-03-28  20100328  星期日  5:31  18:07    1.0     -10     晴      晴
2010-03-29  20100329  星期一  5:29  18:08    2.0      -2     晴      晴
2010-03-30  20100330  星期二  5:27  18:10    3.0      -2     晴     多云
2010-03-31  20100331  星期三  5:25  18:11    6.0      -3    多云   雨夹雪
2010-04-01  20100401  星期四  5:25  18:11    6.0      -4    多云     晴
...              ...   ...   ...    ...    ...     ...    ...    ...
2010-11-08  20101108  星期一  6:37  16:18    5.0      -9    多云     晴
2010-11-09  20101109  星期二  6:39  16:16    4.0      -8    多云     晴
2010-11-10  20101110  星期三  6:40  16:15    3.0      -6    多云    小雪
2010-11-11  20101111  星期四  6:42  16:14    2.0      -8     阴     小雪
2010-11-12  20101112  星期五  6:43  16:12    3.0      -7     阴     多云
[230 rows x 8 columns]
# 图表展示 '最高气温℃' 列
In [14]: plt.plot(data1['最高气温℃'])
Out[14]: [<matplotlib.lines.Line2D at 0x1673fd60550>]
In [15]: plt.title('2010年每日最高气温')
Out[15]: Text(0.5, 1.0, '2010年每日最高气温')
In [16]: plt.show()
# 图表展示改为按周重采样
In [17]: data1_week=data1['最高气温℃'].resample('W-MON').mean()
# 训练数据
In [18]: train_data=data1_week['2010-04':'2010-11']
In [19]: plt.plot(train_data)
Out[19]: [<matplotlib.lines.Line2D at 0x1b6640e4610>]
In [20]: plt.title('最高温度周均值')
Out[20]: Text(0.5, 1.0, '最高温度周均值')
In [21]: plt.show()
```

命令行 In[9] 的 read_csv() 函数用于读取“Weather.csv”文件中的数据。

命令行 Out[10] 中的行索引的默认值是自然数，命令行 In[12] 的 set_index() 方法用于将时间设置为新索引。

命令行 In[14] ～ In[16] 用于绘制折线图，展示 2010 年 3 ～ 11 月的 '最高气温℃' 列，运行结果如图 8－3 所示。

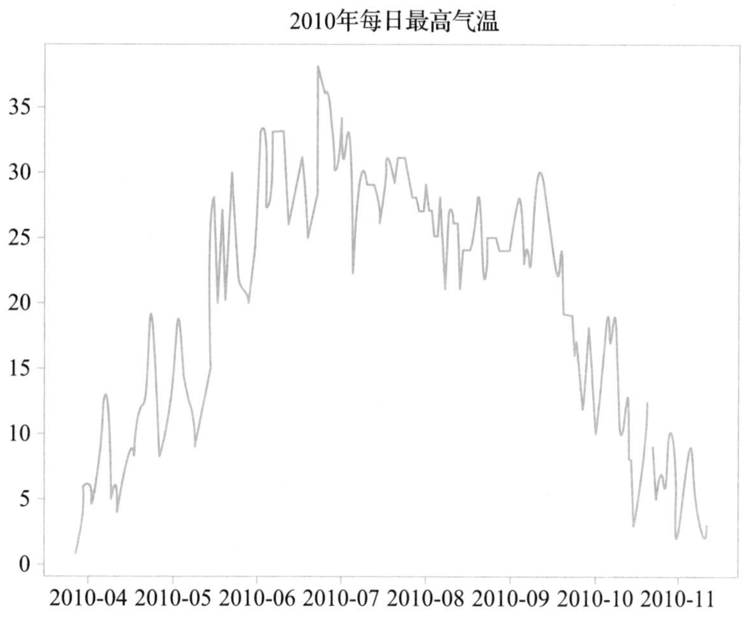


图 8－3　折线图

命令行 In[17] ～ In[21] 用于将采样频率由每天改为每周，运行结果如图 8－4 所示。

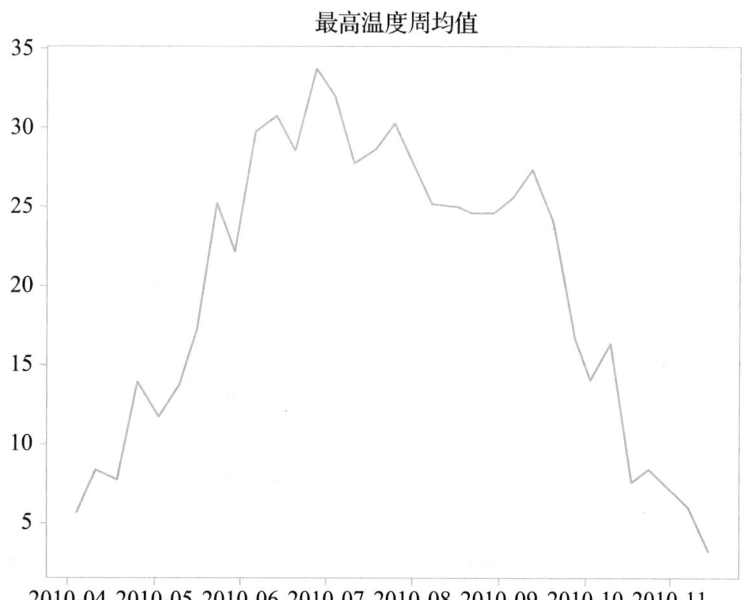


图 8－4　改变采样频率

## 单元小结

本单元介绍了 Pandas 关于处理时间序列的相关内容，主要包括创建时间序列、时间戳及其索引、时间戳切片、重采样、移动窗口等操作。为处理时间序列操作奠定基础。

## 技能检测

一、填空题

1. 在 Pandas 中，时间戳使用 Series 派生的子类（　　）对象表示。

2. 对于 datetime，可以通过（　　）函数将 datetime 转换为 TimeStamp 对象。

3. datetime 对象是放在一个（　　）中的。

4. Pandas 提供了一个函数（　　），用于生成一个具有固定频率的 DatetimeIndex 对象。

5. Pandas.date_range 可用于生成指定长度的（　　）。

6. 在 Pandas 中，频率用一个乘数和基础频率组成，（　　）通常用一个字符串的别名表示。

7. 每个基础频率都由一个日期偏移量的对象对应，这个偏移量称为（　　）。

8. 创建 DateOffset 对象需导入（　　）模块。

9. Series 和 DataFrame 都有一个（　　）方法用于执行单纯的前移或后移操作，并保持索引不变。

10. 对象 Period 和 PeriodIndex 可以通过 Pandas 提供的（　　）方法按周期频率转换时间，如月份与年份相互转换、年份与季度相互转换。

11. 重采样指的是将（　　）从一个频率转换为另一个频率的处理过程。

12. 将高频率数据聚合到低频率称为（　　）。

13. 将低频率数据转换为高频率称为（　　）。

14. Pandas 提供的（　　）方法能够对常规时间序列数据重新采样并进行频率转换。

15. 在金融领域存在一种关于股票数据的（　　）采样，该采样包括开盘价（open）、最高价（high）、最低价（low）和收盘价（close）。

16. 将数据从低频向高频转换，则（　　）数据聚合。

17. 移动窗口是指单位长度的滑块在（　　）轴上移动形成一个时间区间序列。

二、选择题

1. datetime 模块的数据类型有（　　）。

A. date　　B. time　　C. datetime　　D. timedelta

2. date_range() 函数的参数是（　　）。

A. start　　B. end　　C. period　　D. freq

3. date_range() 函数的参数是（　　）。

A. tz　　B. normalize　　C. name　　D. closed

4. 表示时间序列基础频率的有（　　）。

A. D　　B. H　　C. B　　D. T

5. asfreq() 函数的参数有（　　）。

A. freq　　B. How　　C. normalize　　D. fill_value

6. resample 函数的参数有（　　）。

A. convention　　B. loffset　　C. kind　　D. label

7. Pandas 提供的窗口函数 rooling() 能够实现移动窗口，属于其参数的有（　　）。

A. window　　B. center　　C. win_type　　D. min_periods

三、判断题

1. datetime.datetime 通常简写为 datetime，导入 datetime 时可使用命令 from datetime import datetime。（　　）

2. 对于 datetime 所定义的时间，可以在最后一个参数中加上 deltatime() 所给定的数值。（　　）

3. 可以通过下标运算得到 Pandas 的时间戳对象。（　　）

4. 使用 truncate() 可以截掉给定日期之前的数据或之后的数据。（　　）

5. Pandas 中的函数 date_range() 用于生成一个具有固定频率的 Datetime 对象。（　　）

6. 由于移动数据有可能导致数据丢失，因此可以移动时间戳，设定好频率参数即可。（　　）

7. Pandas 提供的 resample() 函数能够对常规时间序列数据重新采样并进行频率转换。（　　）

8. 使用 resample() 对数据采样时，要考虑各区间哪边是闭合的，各区间如何标记。（　　）

9. 使用 groupby() 也可以实现降采样，只需按照时间序列进行分组，且时间频率降低也可达到降采样的目的。（　　）

10. 将数据从低频向高频转换，同样需要数据聚合。（　　）

四、应用题

1. 编程创建一个 datetime 对象，并显示当前的年、月、日。

2. 以时间戳为索引创建一个 DataFrame 对象，要求数据为 4 行 4 列随机数，并选取年份数据。

3. 创建一个固定频率的 DatetimeIndex 对象，从起始日期开始每星期采集一次数据。